Informatik – Fachberichte

Band 1: Programmiersprachen. GI-Fachtagung 1976. Herausgegeben von H.-J. Schneider und M. Nagl. (vergriffen)

Band 2: Betrieb von Rechenzentren. Workshop der Gesellschaft für Informatik 1975. Herausgegeben von A. Schreiner. (vergriffen)

Band 3: Rechnernetze und Datenfernverarbeitung. Fachtagung der GI und NTG 1976. Herausgegeben von D. Haupt und H. Petersen. VI, 309 Seiten. 1976.

Band 4: Computer Architecture. Workshop of the Gesellschaft für Informatik 1975. Edited by W. Händler. VIII, 382 pages. 1976.

Band 5: GI – 6. Jahrestagung. Proceedings 1976. Herausgegeben von E. J. Neuhold. (vergriffen)

Band 6: B. Schmidt, GPSS-FORTRAN, Version II. Einführung in die Simulation diskreter Systeme mit Hilfe eines FORTRAN-Programmpaketes, 2. Auflage. XIII, 535 Seiten. 1978.

Band 7: GMR – GI – GfK. Fachtagung Prozessrechner 1977. Herausgegeben von G. Schmidt. (vergriffen)

Band 8: Digitale Bildverarbeitung/Digital Image Processing. GI/NTG Fachtagung, München, März 1977. Herausgegeben von H.-H. Nagel. (vergriffen)

Band 9: Modelle für Rechensysteme. Workshop 1977. Herausgegeben von P. P. Spies. VI, 297 Seiten. 1977.

Band 10: GI – 7. Jahrestagung. Proceedings 1977. Herausgegeben von H. J. Schneider. IX, 214 Seiten. 1977.

Band 11: Methoden der Informatik für Rechnerunterstütztes Entwerfen und Konstruieren, GI-Fachtagung, München, 1977. Herausgegeben von R. Gnatz und K. Samelson. VIII, 327 Seiten. 1977.

Band 12: Programmiersprachen. 5. Fachtagung der GI, Braunschweig, 1978. Herausgegeben von K. Alber. VI, 179 Seiten. 1978.

Band 13: W. Steinmüller, L. Ermer, W. Schimmel: Datenschutz bei riskanten Systemen. Eine Konzeption entwickelt am Beispiel eines medizinischen Informationssystems. X, 244 Seiten. 1978.

Band 14: Datenbanken in Rechnernetzen mit Kleinrechnern. Fachtagung der GI, Karlsruhe, 1978. Herausgegeben von W. Stucky und E. Holler. (vergriffen)

Band 15: Organisation von Rechenzentren. Workshop der Gesellschaft für Informatik, Göttingen, 1977. Herausgegeben von D. Wall. X, 310 Seiten. 1978.

Band 16: GI – 8. Jahrestagung, Proceedings 1978. Herausgegeben von S. Schindler und W. K. Giloi. VI, 394 Seiten. 1978.

Band 17: Bildverarbeitung und Mustererkennung. DAGM Symposium, Oberpfaffenhofen, 1978. Herausgegeben von E. Triendl. XIII, 385 Seiten. 1978.

Band 18: Virtuelle Maschinen. Nachbildung und Vervielfachung maschinenorientierter Schnittstellen. GI-Arbeitsseminar. München 1979. Herausgegeben von H. J. Siegert. X, 230 Seiten. 1979.

Band 19: GI – 9. Jahrestagung. Herausgegeben von K. H. Böhling und P. P. Spies. (vergriffen)

Band 20: Angewandte Szenenanalyse. DAGM Symposium, Karlsruhe 1979. Herausgegeben von J. P. Foith. XIII, 362 Seiten. 1979.

Band 21: Formale Modelle für Informationssysteme. Fachtagung der GI, Tutzing 1979. Herausgegeben von H. C. Mayr und B. E. Meyer. VI, 265 Seiten. 1979.

Band 22: Kommunikation in verteilten Systemen. Workshop der Gesellschaft für Informatik e.V.. Herausgegeben von S. Schindler und J. C. W. Schröder. VIII, 338 Seiten. 1979.

Band 23: K.-H. Hauer, Portable Methodenmonitoren. Dialogsysteme zur Steuerung von Methodenbanken: Softwaretechnischer Aufbau und Effizienzanalyse. XI, 209 Seiten. 1980.

Band 24: N. Ryska, S. Herda, Kryptographische Verfahren in der Datenverarbeitung. V, 401 Seiten. 1980.

Band 25: Programmiersprachen und Programmentwicklung. 6. Fachtagung, Darmstadt, 1980. Herausgegeben von H.-J. Hoffmann. VI. 236 Seiten. 1980

Band 26: F. Gaffal, Datenverarbeitung im Hochschulbereich der USA. Stand und Entwicklungstendenzen. IX, 199 Seiten. 1980.

Band 27: GI-NTG Fachtagung, Struktur und Betrieb von Rechensystemen. Kiel, März 1980. Herausgegeben von G. Zimmermann. IX, 286 Seiten. 1980.

Band 28: Online-Systeme im Finanz- und Rechnungswesen. Anwendergespräch, Berlin, April 1980. Herausgegeben von P. Stahlknecht. X, 547 Seiten, 1980.

Band 29: Erzeugung und Analyse von Bildern und Strukturen. DGaO – DAGM Tagung, Essen, Mai 1980. Herausgegeben von S. J. Pöppl und H. Platzer. VII, 215 Seiten. 1980.

Band 30: Textverarbeitung und Informatik. Fachtagung der GI, Bayreuth, Mai 1980. Herausgegeben von P. R. Wossidlo. VIII, 362 Seiten. 1980.

Band 31: Firmware Engineering. Seminar veranstaltet von der gemeinsamen Fachgruppe „Mikroprogrammierung" des GI Fachausschusses 3/4 und des NTG-Fachausschusses 6 vom 12. – 14. März 1980 in Berlin. Herausgegeben von W. K. Giloi. VII, 289 Seiten. 1980.

Band 32: M. Kühn, CAD Arbeitssituation. Untersuchungen zu den Auswirkungen von CAD sowie zur menschengerechten Gestaltung von CAD-Systemen. VII, 215 Seiten. 1980.

Band 33: GI – 10. Jahrestagung. Herausgegeben von R. Wilhelm. XV, 563 Seiten. 1980.

Band 34: CAD-Fachgespräch. GI - 10. Jahrestagung. Herausgegeben von R. Wilhelm. VI, 184 Seiten. 1980.

Band 35: B. Buchberger, F. Lichtenberger: Mathematik für Informatiker I. Die Methode der Mathematik. XI, 315 Seiten. 1980.

Band 36: The Use of Formal Specification of Software. Berlin, Juni 1979. Edited by H. K. Berg and W. K. Giloi. V, 388 pages. 1980.

Band 37: Entwicklungstendenzen wissenschaftlicher Rechenzentren. Kolloquium, Göttingen, Juni 1980. Herausgegeben von D. Wall. VII, 163 Seiten. 1980.

Band 38: Datenverarbeitung im Marketing. Herausgegeben von R. Thome. VIII, 377 pages. 1981.

Band 39: Fachtagung Prozeßrechner 1981. München, März 1981. Herausgegeben von R. Baumann. XVI, 476 Seiten. 1981.

Band 40: Kommunikation in verteilten Systemen. Herausgegeben von S. Schindler und J.C.W. Schröder. IX, 459 Seiten. 1981.

Band 41: Messung, Modellierung und Bewertung von Rechensystemen. GI-NTG Fachtagung. Jülich, Februar 1981. Herausgegeben von B. Mertens. VIII, 368 Seiten. 1981.

Band 42: W. Kilian, Personalinformationssysteme in deutschen Großunternehmen. XV, 352 Seiten. 1981.

Band 43: G. Goos, Werkzeuge der Programmiertechnik. GI-Arbeitstagung. Proceedings, Karlsruhe, März 1981. VI, 262 Seiten. 1981.

Informatik-Fachberichte

Herausgegeben von W. Brauer
im Auftrag der Gesellschaft für Informatik (GI)

55

Wolfgang Kowalk

Verkehrsanalyse in endlichen Zeiträumen

Grundlagen und Erweiterungen der Operationalen Analyse

Springer-Verlag
Berlin Heidelberg New York 1982

Autor

Wolfgang Kowalk
FB Informatik der Universität Hamburg
Rothenbaumchaussee 67/69, 2000 Hamburg 13

CR Subject Classifications (1980): 1.1, 2.44, 3.72, 4.35, 4.6, 5.11, 5.5, 8.1

ISBN-13: 978-3-540-11561-8 e-ISBN-13: 978-3-642-68599-6
DOI: 10.1007/978-3-642-68599-6

2145/3140 – 5 4 3 2 1 0

ZUSAMMENFASSUNG

Die operationale Analyse wurde 1976 von Buzen /Buzen76/ eingeführt. Sie untersucht allgemein, wie in endlichen Zeiten an realen Wartesystemen gemessene Grössen zueinander in Beziehung gesetzt werden können. Dazu ist es notwendig, ein endliches Modell solcher Wartesysteme einzuführen.

In dieser Arbeit wird solch ein endliches mathematisches Modell definiert und analysiert. Dazu wird zunächst allgemein untersucht, wie Systeme zu modellieren sind (Kapitel 1), und es werden in dieser Arbeit benötigte mathematische Objekte definiert und untersucht (Kapitel 2). Da bei der Analyse des dynamischen Verhaltens von Systemen in endlichen Zeiträumen Abweichungen zwischen Modellgrössen auftreten, wird eine Rechenmethode mit solchen Modellierungsfehlern eingeführt (Angleichungsrechnung, Kapitel 3) und gezeigt, wie sich mit dieser Begriffsbildung wichtige Konzepte aus der Theorie der stochastischen Prozesse (Gleichgewicht, Unabhängigkeit, Repräsentativität) formulieren lassen (Kapitel 4).

Es wird gezeigt, dass mit dieser Modellbildung sowohl die Ergebnisse der operationalen Analyse herleitbar sind (Kapitel 5), als auch andere Ergebnisse, die bislang nur mit der stochastischen Analyse beweisbar waren (Kapitel 6,7). Ausserdem wird eine neue Formel für die mittlere Last hergeleitet (Abschnitt 6.2).

Da weder die stochastische noch die operationale Analyse Aussagen machen kann über auftretende Modellierungsfehler, werden die Abweichungen, die sich nach der Angleichungsrechnung ergeben, durch Simulation überprüft und gezeigt, dass Fehler in den Eingangsvoraussetzungen zum Teil einen verschwindend kleinen, zum Teil aber auch einen überproportional grossen Fehler in den Ergebnissen verursachen können (Kapitel 8).

Das vorliegende Buch ist die überarbeitete Fassung meiner Dissertation, die am 18. 12. 1981 am Fachbereich Informatik der Universität Hamburg abgeschlossen wurde. Betreuer war Herr Prof. Dr. E. Jessen, Zweitgutachter Herr Prof. Dr. R. Valk.

I N H A L T S V E R Z E I C H N I S

1.0 Einleitung.

1.1 Aufgabe der Verkehrsanalysanalyse in Rechensystemen.

Die Aufgabe eines Rechensystems besteht ganz allgemein darin, Datenverarbeitungsaufträge zu bearbeiten. Da Rechensysteme in vielfältiger Form und für vielfältige Zwecke angeboten werden, besteht ein Bedürfnis, die Leistung eines Systems, d.h. seine Fähigkeit, Aufträge zu verarbeiten, quantitativ für gegebene Auftragslasten zu ermitteln.

Zum Zeitpunkt der Leistungsermittlung liegt meist das System oder die Auftragslast noch nicht vor (sonst könnte man die Untersuchung durch Messung erledigen). Das bedeutet, dass die Analyse an einem Modell durchgeführt werden muss. Um ein Rechensystem zu modellieren, wird ein sogenanntes Wartemodell dieses Rechensystems erstellt, bestehend aus Bedieneinheiten mit vorgeschalteten Warteeinheiten und einer Übergangsbeschreibung, die zu jeder Einheit angibt, in welche Einheiten Aufträge nach Fertigstellung übergehen. Da dieses als Verkehr von Aufträgen aufgefasst werden kann, werden Techniken zur Analyse solcher Rechensysteme als Verkehrsanalyse bezeichnet. Weitere gebräuchliche Bezeichnungen sind Leistungsanalyse, Bewertung von Rechensystemen u.a., die jedoch auch im allgemeinen Sinn gebraucht werden.

Um Systeme miteinander vergleichen zu können, werden sie i.allg. einzeln absolut bewertet, und diese Bewertungszahlen miteinander verglichen. Als Bewertungszahl hat sich der Begriff Durchsatz als nützlich erwiesen. Statt Durchsatz wird auch (Zugangs- bzw. Abgangs-) Rate gesagt. Er gibt an, wieviele Aufträge im Mittel in der Zeiteinheit von dem System fertiggestellt werden können. Ein hierzu reziproker Begriff, die Verweilzeit, gibt die Zeit an, die ein Auftrag im Mittel in dem Rechensystem verbleibt. Die Verweilzeit wird auch Antwortzeit genannt. Diese Grössen hängen zum einen von dem betrachteten Rechensystem ab, zum anderen von der Art der Aufträge, der sogenannten Last oder Belastung.

Ein weiteres wichtiges Beurteilungskriterium eines Rechensystems ist das Verhältnis zwischen der Zeit, die ein (Teil-) System tatsächlich Arbeit leistet und der maximal möglichen Arbeit dieses System. Sie wird als Auslastung bezeichnet. Die Verweilzeit steigt i.allg. überproportional mit der Auslastung. Um die Auslastung zu bestimmen, genügt die genaue Kenntnis der Last.

Einige Beispiel für die Anwendung der Bewertung von Rechensystemen mögen die Nützlichkeit der Leistungsanalyse verdeutlichen.

1.1.1 Kennt man für verschiedene Rechensysteme die Leistung dieser Systeme bei gleichartiger (und für die jeweilige Anwendung typischer) Last, so kann unter den untersuchten Systemen, bei zusätzlicher Berücksichtigung der Kosten, das für diesen Zweck optimale System gefunden werden.

1.1.2 Ändert man nicht das Rechensystem, sondern die Last, so können die Durchsätze durch das System bei verschiedener Belastung miteinander verglichen werden. Es kann dadurch ermittelt werden, bis zu welcher Belastung das jeweilige System noch akzeptable Durchsätze garantiert.

1.1.3 Ist die Last in verschiedene Klassen einteilbar (z.B. Lochkartenaufträge gegenüber Terminalaufträgen), so ändert eine andere Kapazitätszuteilung des Rechensystems auf die verschiedenen Klassen den gewichteten Gesamtdurchsatz durch das System. Hier kann wieder ein optimales Betriebsziel durch Variation einfacher Parameter des Betriebssystems erreicht werden (Tuning).

1.1.4 Wird nicht das gesamte System, sondern werden nur Teile des Systems geändert (z.B. neue Platten oder schnellere Zentraleinheit), so wird sich ebenfalls der Durchsatz ändern. Bei gegebenen maximalen Kosten, bzw. bei geeigneter Bewertung bei optimalen Kosten, lässt sich damit die Leistung des Rechensystems verbessern.

1.1.5 Wird von einem System verlangt, gewisse Aufgaben in maximaler vorgegebener Zeit zu erledigen (z.B. bei der Prozesssteuerung teurer oder gefährlicher Maschinen), so muss die Analyse des Systems ergeben, dass dieses unter jedem möglichen Belastungszustand die vorgegebene Antwortzeit nicht überschreitet.

Aus diesen Beispielen ergibt sich, dass die Bewertung eines Rechensystems für verschiedene Konfigurationen bzw. für verschiedene Lasten möglich sein sollte. Aus einer solchen Analyse lassen sich dann viele wichtige Informationen über solche Rechensysteme gewinnen.

1.2 Techniken der Verkehrsanalyse.

Zur Bewertung von Rechensystemen haben sich verschiedene Analysetechniken durchgesetzt, die grob in mathematische und nicht mathematische Techniken eingeteilt werden können.

1.2.1 Ist das System real gegeben, so werden die zuverlässigsten Ergebnisse durch Messungen am realen System gewonnen. Dazu sind in das System Messprogramme einzubauen (Software-Monitore), die die zu messenden Daten sammeln, oder es werden physikalisch messbar Signale von speziellen Geräten aufgezeichnet (Hardware-Monitore), aus denen die für die Beurteilung des Systems wichtigen Daten herausgezogen werden können.

Zur Berücksichtigung der Last wird entweder das System in typischen Betriebszeiten gemessen, oder es werden spezielle Programm-Mischungen erstellt, und diese ohne jede andere Last auf dem System abgearbeitet (Benchmark-Tests).

Dieses Verfahren liefert i.allg. die besten Ergebnisse, da mit Sicherheit keine Modellierungsfehler des Systems auftreten können. Ausserdem kann das System stets unter typischer Belastung gemessen werden.

Allerdings sind Benchmark-Tests recht teuer, da sie längere Zeit ein ganzes System belegen. Der Einbau des Messystems ist sehr zeitaufwendig und nur von Spezialisten durchführbar. Die Ergebnisse werden durch die Messung beeinflusst (etwa bis zu 20% bei Software-Monitoren), und die Aufbereitung der Messdaten ist stark fehleranfällig. Schliesslich lassen sich mit vernünftigem Aufwand keine Konfigurationsänderungen der Hardware durchführen, da der Ein- und Ausbau von Geräten sehr teuer ist. Daher wird dieses Verfahren wirtschaftlich nur eingesetzt, um das tatsächliche Verhalten eines existierenden Systems zu bestimmen, aber nicht um neue Systeme zu planen, oder um bestehende Systeme zu verändern. Ebenfalls ist das Messen am realen System notwendig, um die Betriebssystemparameter optimal aufeinander abzustimmen (Tuning).

1.2.2 Preiswerter als die Messung am realen System wird i.allg. die Simulation eines solchen Systems. Dazu wird das System durch ein Simulationsmodell (meist ein Computerprogramm) nachgebildet. Hier sind Konfigurationsänderungen relativ einfach durchzuführen, was durch die Entwicklung immer komfortablerer Simulationssysteme unterstützt wird. Die Last lässt sich an einem realen System messen und in den Simulator eingeben (Traces).

Allerdings verbraucht das Simulationsprogramm i.allg. sehr viel Rechenzeit, so dass hier erhebliche Kosten entstehen können. Auch ist die Überprüfung der Korrektheit eines solchen Modells (Validierung) i.allg. sehr schwierig, wenn nicht unmöglich. Ebenso ist die Beschaffung geeigneter Traces nicht immer möglich, da meist konkrete Messungen der realen Last nicht vorliegen.

Die preiswertesten Analysetechniken sind rein mathematische Methoden, da diese höchstens zur Lösung komplexer Gleichungssysteme Computerhilfe benötigen. Auch hier lassen sich die Systeme i.allg. recht einfach variieren, so dass leicht verschiedene Systeme miteinander verglichen werden können.

1.2.3 Eine mathematische Analysetechnik benutzt die Begriffsbildungen der Wahrscheinlichkeitstheorie. Dazu wird das Verhalten des Systems als stochastischer Prozess beschrieben, indem den Grössen des Systems (z.B. Verzeilzeit oder Durchsatz) Zufallsvariablen zugeordnet werden, die von der Zeit abhängen. Eine Menge solcher Zufallsvariablen wird als stochastischer Prozess bezeichnet. Man erhält somit nicht nur die Werte einzelner Momente, sondern Aussagen über die Verteilungen von Grössen.

Allerdings kann diese Technik meist nur für relativ einfache Systeme eingesetzt werden, und für die Last sind hinreichend einfache Approximationen der realen Last zu wählen. Auch sind die mathematischen Kenntnisse zur Beherrschung einer solchen Methode i.allg. nur von Spezialisten zu erwarten. Ebenso gelten Aussagen der stochastischen Analyse nur für Systeme im stochastischen Gleichgewicht. Sie können das transiente Verhalten eines Systems i.allg. nur mit grossem mathematischen Aufwand beschreiben.

1.2.4 Ähnlich der stochastischen Analyse ist die operationale Analyse eine rein mathematische Technik, die den Computer nur für numerische Hilfsarbeiten benutzt. Im Gegensatz zur stochastischen Analyse sind die Methoden der operationalen Analyse jedoch mathematisch sehr einfach, so dass sie ohne grosse mathematische Vorbildung angewendet werden können. Daher sind die die Voraussetzungen einfacher formulierbar und die Ergebnisse einfacher zu interpretieren.

Allerdings sind die Ergebnisse daher oft auch nicht sehr tiefliegend. Insbesondere werden nur Aussagen über die Mittelwerte einer Grösse gemacht, es gibt wenige theoretische Erkenntnisse über allgemeine Systeme, und man kennt für viele Probleme Lösungen nur für einfache Lasten und idealisierte Randbedingungen. Im Gegensatz zur stochastischen Analyse wird aber eine Bedingung wie Ergodizität nicht gefordert, so dass die Ergebnisse der operationalen Analyse tatsächlich an realen Systemen überprüfbar sind (zumindest prinzipiell).

Obgleich die operationale Analyse viele Begriffe der stochastischen Analyse nicht kennt, kommt sie doch zu ähnlichen Ergebnissen, insbesondere bei der Analyse von Netzen von Wartesystemen /Denni77,Roode79/. Dabei sind bei beiden Methoden die Modellklassenbeschränkungen sehr ähnlich.

1.3 Zur Analysetechnik in dieser Arbeit.

Die operationale Analyse baut auf den folgenden Grundprinzipien auf:

1. Es werden nur Grössen betrachtet, deren Werte tatsächlich am realen System beobachtet werden können. Diese Grössen werden daher nur in einem endlichen Zeitintervall [0,t] gemessen.

2. Zwischen diesen Grössen werden Beziehungen aufgestellt, die sich entweder aufgrund der Struktur des System ergeben (z.B. ist die Gesamtfüllung des Systems die Summe der Füllungen der Teilsysteme), oder es werden allgemeine Prinzipien angenommen, die als Erfahrungstatsachen hingenommen werden müssen (z.B. der später einzuführende Begriff des (operationalen) Gleichgewichts).

3. Aus diesen Grundbeziehungen werden höhere Beziehungen hergeleitet, die dann als Sätze der operationalen Analyse betrachtet werden /Denni 78/.

Buzen und Denning konnten in ihren Arbeiten zeigen, dass hieraus viele Beziehungen zwischen Grössen folgern, wie sie bislang in analoger Weise nur in der stochastischen Analyse gezeigt werden konnten. Dabei beschränkten sie sich allerdings auf die Herleitung von Beziehungen zwischen den Mittelwerten solcher Grössen.

In dieser Arbeit wird versucht, die Ansätze der operationalen Analyse zu erweitern, indem Begriffe der stochastischen Analyse (Momente, Unabhängigkeit, Repräsentativität u.a.) auf das endliche Modell der operationalen Analyse übertragen werden. Es zeigt sich dann, dass unter ähnlichen Voraussetzungen wie in der stochastischen Analyse dort bekannte Beziehungen gezeigt werden können. Dabei wird die Voraussetzung der Ergodizität i.allg. nicht benötigt. Die hier gefundenen Ergebnisse sind insoweit eine Verallgemeinerung der analogen stochastischen Ergebnisse, dass sie auch das transiente Verhalten von Systemen beschreiben können.

1.4 Modellbildung.

In diesem Abschnitt soll eine allgemein gehaltene Betrachtung über die mathematische Modellierung realer Systeme angestellt werden. Diese Überlegungen sollen dann insbesondere benutzt werden, um zu untersuchen, inwieweit die operationale Analyse und die stochastische Analyse miteinander vergleichbar sind. Es werden nur analytische Modellbildungen betrachtet, nicht jedoch Modelle zur Messung oder Simulation von Systemen.

Um ein reales System zu modellieren, werden den Grössen des Systems mathematische Objekte zugeordnet und zwischen diesen Objekten Beziehungen aufgestellt, die dem System entnommen werden müssen, also formal nicht weiter begründet werden können. Wir werden solche Beziehungen empirische Grundbeziehungen nennen. Hieraus lassen sich dann weitere Beziehungen zwischen den mathematischen Objekten herleiten. Genauer zu untersuchen wäre also:

Was verstehen wir unter
- einem realen System,
- einer Grösse eines realen Systems,
- einem mathematischen Objekt,
- einer empirischen Grundbeziehung,
- einer hergeleiteten Beziehung?

Unter einem realen System wollen wir im folgenden jedes physikalische, aber auch mathematische oder sonstige abstrakte System verstehen, welches von uns analysiert werden soll.

Die anderen Begriffe müssen dann für jedes betrachtete System in angemessener Weise eingeführt werden. Einige Beispiele sollen dieses veranschaulichen.

Beispiel 1.4.1 - Zur Modellierung elektrotechnischer Phänomene führt man die Grössen Spannung, Strom und Wiederstand ein und stellt zwischen diesen Grössen Relationen auf, etwa das Ohmsche Gesetz oder die Kirchhoffschen Gesetze. Aus diesen lässt sich dann etwa herleiten, dass der Widerstand zweier in Reihe geschalteter Leiter gerade die Summe der Widerstände der einzelnen Leiter ist.

Die Grössen des Systems sind Spannung, Strom und Widerstand, die mathematischen Objekte sind die reellen Zahlen, die die Werte dieser Grössen festlegen. Für die Widerstände reicht es sogar, nur die nicht negativen reellen Zahlen zuzulassen. Eine empirische Grundbeziehung ist das Ohmsche Gesetz, und ein hergeleitetes Gesetz ist die Aussage über den Gesamtwiderstand der Reihenschaltung von Widerständen.

Beispiel 1.4.2 - In der Verkehrsanalyse von Wartesystemen können die Füllung zum Zeitpunkt s, die Verweilzeiten der einzelnen Aufträge, die Zugangsraten usw. als Grössen des realen System eingeführt werden. Die mathematischen Objekte sind die reellen Zahlen, die die Werte dieser Grössen beschreiben. Eine empirische Beziehung wäre dann, dass die Summe der Füllungen aus den Teilsystemen gerade die Gesamtfüllung des Systems ergibt. Hingegen wäre das

Gesetz von Little (5.1) eine Aussage, die aus anderen Beziehungen hergeleitet werden muss (man kann sie nicht "unmittelbar" dem System ansehen).

Beispiel 1.4.3 - Ein nicht numerisches Beispiel einer Modellbildung eines realen Systems ist die euklidische Geometrie, die ein mathematisches Modell für die Landvermessung darstellt. Die mathematischen Objekte heissen dort Punkt (in der Landvermessung eine Peilstange), Gerade (Peilung), Fläche (Land) usw. Eine empirische Beziehung ist z.B., dass zwei verschiedene Punkte genau eine Gerade bestimmen. Eine hergeleitete Beziehung wäre die Aussage, dass zwei verschiedene Geraden entweder genau einen oder keinen Punkt gemeinsam haben /Mesch66/. Ein anderes Beispiel hierzu, das numerisch aufgefasst werden kann, sehr wohl aber auch mit rein geometrischen Mitteln interpretierbar ist, ist der Lehrsatz des Pythagoras.

Man kann diesen Beispielen entnehmen, wie grundsätzlich vorzugehen ist, wenn ein reales System durch ein mathematisches Modell nachgebildet werden soll: Die Grössen des realen Systems werden auf mathematische Objekte abgebildet, deren Existenz in jeder mathematischen Theorie zunächst postuliert werden muss. Es wird eine Liste empirischer Beziehungen zwischen diesen Objekten aufgestellt. Diese Beziehungen entsprechen den Axiomen einer mathematischen Theorie. Ist das mathematische Modell erstellt, können die Methoden der Mathematik angewandt werden, um Sätze über die Grössen des Systems herzuleiten. Das Modell kann dann als formales System in der axiomatischen Mathematik aufgefasst werden.

Die eigentliche Modellbildung ist ein nicht formaler Vorgang, der stark von subjektiven Kriterien (Zweckmässigkeit, Einfachheit, Vielseitigkeit usw.) beeinflusst wird. Es ist daher vernünftig, verschiedene Ansätze zur Modellbildung von Systemen zu untersuchen, und die Ergebnisse zu vergleichen. Solche Vergleichstechniken sollen jetzt genauer untersucht werden.

Als erstes nehmen wir an, dass sich zwar die empirischen Beziehungen zweier Modelle eines realen Systems unterscheiden, die mathematischen Objekte aber einander entsprechen. Unter 'entsprechen' wollen wir verstehen, dass es eine Abbildung zwischen diesen Objekten gibt, so dass jedem Objekt des einen Modells genau ein Objekt des anderen Modells zugeordnet wird. Beziehungen in den Modellen zwischen den Objekten heissen dann strukturell gleich, wenn sie durch Ersetzen der Objekte ineinander übergehen. Z.B. kann eine gültige Formel in einem Modell nach Ersetzen durch die entsprechenden mathematischen Objekte des anderen Modells in eine dort gültige Formel übergehen.

Lassen sich dann in dem einen Modell Sätze beweisen, die den Axiomen des anderen Modells strukturell gleich sind, und umgekehrt, so sind die beiden Modelle mathematisch völlig äquivalent: Jeder Satz kann entweder in beiden Systemen hergeleitet werden oder in keinem.

Gibt es zu Sätzen in dem einen Modell keine strukturell gleichen Beziehungen in dem anderen Modell, so lässt sich bezüglich solcher Aussagen auf diese Weise kein Vergleich anstellen. Man kann lediglich fragen, welches der beiden Modelle das reale System besser nachbildet, und wie das zu entscheiden ist, wird weiter unten untersucht.

Entspricht nur ein Teil der mathematischen Objekte einander, so kann zumindest bezüglich dieser mathematischen Objekte ein Vergleich zwischen beiden Modellen durchgeführt werden. Es kann daher eine Äquivalenz zwischen Teilmodellen bestehen.

Gibt es jedoch keine Entsprechung zwischen den mathematischen Objekte, so lässt sich ein Vergleich rein formal i.allg. in den mathematischen Modellen nicht durchführen. In diesem Falle kann man die Güte heranziehen, mit denen die beiden Modelle das reale System nachbilden. 'Güte' bedeutet hier: Wie genau sind die Aussagen über die Beziehungen zwischen den Objekten, wie gut sind die Vorhersagen über das zukünftige Verhalten des Systems usw. Um daher zwei verschiedene Modelle eines realen Systems miteinander zu vergleichen, kann für die Güte der Modelle ein Mass eingeführt werden, in den meisten Fällen eine reelle Zahl. Es lässt sich dann quantitativ vergleichen, wie gut verschiedene Modellierungen bestimmte Eigenschaften des realen Systems wiedergeben. Auf diese Weise kann sowohl für Teilaspekte des Systemverhaltens als auch für das gesamte Systemverhalten eine Vergleichsmöglichkeit geschaffen werden.

(Statt der Güte kann auch der 'reziproke' Begriff Modellierungsfehler (oder kürzer 'Fehler') eingeführt werden, der angibt, wie gross der Unterschied ist zwischen einer Modellgrösse, die das reale System exakt beschreibt, und einer anderen Modellgrösse, die evtl. leichter berechnet werden kann, aber das Systemverhalten nur angenähert wiedergibt. Wir werden im folgenden beide Begriffe verwenden.)

Ein wesentlicher Vorteil dieses Vorgehens ist es, dass für ein gegebenes Modell untersucht werden kann, welche Auswirkungen die meist notwendigen Vereinfachungen des Modells gegenüber dem realen System haben. Es lässt sich somit nicht nur die relative Güte zu einem anderen Modell feststellen, sondern man kann auch die Güte eines Modells absolut bestimmen.

Schwierigkeiten bei dieser Vergleichstechnik bereiten zum einen die anerkannte Festlegung des Gütemasses, zum anderen die Ermittlung der numerischen Werte für dieses Mass durch statistische Methoden. Ausserdem werden die oben erwähnten subjektiven Kriterien bei dieser Vergleichsmethode nicht berücksichtigt.

Schränkt man den Wertebereich des Gütemasses für ein Modell nicht ein, so folgt, dass es keine falschen Modelle eines realen Systems geben kann, sondern nur bessere und schlechtere. Das folgende Beispiel soll dieses verdeutlichen.

Beispiel 1.4.4 - Eine andere Möglichkeit, Geometrie auf der Erdoberfläche zu treiben, ist die sphärische Geometrie; diese untersucht die Beziehungen zwischen Objekten auf der Oberfläche einer Kugel. Punkte werden wie in der euklidischen Geometrie festgelegt. Den Geraden der euklidischen Geometrie entsprechen hier Grosskreise (das sind die Schnitte der Kugeloberfläche mit Ebenen durch den Mittelpunkt der Kugel /Barts72/), und Flächen sind Ausschnitte der Kugeloberfläche.

Zwei Punkte bestimmen nur dann eindeutig einen Grosskreis, wenn sie keine Antipoden sind. Daher gilt die empirische Grundbeziehung des Beispiels 3 nicht mehr in der sphärischen Geometrie. Dafür haben aber zwei verschiedene Grosskreise immer genau zwei Punkte gemeinsam.

Die euklidische Geometrie vereinfacht also die tatsächlichen Gegebenheiten auf der Erdoberfläche, indem sie die Kugelfläche als Ebene betrachtet. Für kleine Entfernungen ergibt diese Annäherung dennoch hinreichend genaue Ergebnisse. Aber auch die sphärische Geometrie macht die vereinfachende Annahme einer Kugelgestalt der Erde, was aber für Vermessungsaufgaben der gesamten Erde ebenfalls noch brauchbare Ergebnisse liefert.

Betrachten wir nun Modelle für Wartesysteme. Die 'klassische' stochastische Analyse benutzt als mathematische Objekte stochastische Prozesse, das sind Klassen von Zufallsvariablen, also (meist reellen) Grössen, die in unendlich langen Zeiträumen verschiedene Werte annehmen, die einer bestimmten Verteilung gehorchen. Die Vereinfachung dieser Modellierungstechnik ist es, dass das stochastische Modell das Verhalten des realen Systems nur in unbeschränkt langen Zeiten exakt beschreibt, während tatsächlich nur endliche Zeiträume beobachtet werden können. Durch diese Abstraktion verschwinden jedoch einige sonst notwendig zu betrachtende Modellierungsfehler, so dass hieraus eine einfachere Handhabbarkeit des Modells folgt. Trotzdem ist die stochastische Analyse mathematisch die komplizierteste, da dem Anwender die Begriffe und Ergebnisse der Theorie der stochastischen Prozesse bekannt sein müssen.

Die operationale Analyse vermeidet die Abstraktion des Unendlichen, indem nur Zeitintervalle [0,T] der endlichen Länge T betrachtet werden. Da jetzt bestimmte Modellierungsfehler nicht mehr notwendig unendlich klein werden, gleichzeitig aber das Rechnen mit diesen Fehlern vermieden werden soll, macht die operationale Analyse oft willkürliche Annahmen über Randbedingungen (z.B. gleiche Füllungen des Systems zu den Zeiten 0 und T), so dass die erwähnten Modellierungsfehler nicht auftreten; oder es wird wie in der stochastischen Analyse angenommen, dass die Zeit T so lang ist, dass Modellierungsfehler von der Grössenordnung $\frac{\text{Konstante}}{T}$ vernachlässigbar klein werden. Die Vereinfachung gegenüber dem realen System ist hier, dass nur leicht handhabbare Systeme modelliert werden.

(Das in dieser Arbeit entwickelte Modell untersucht genau die eben erwähnten Modellierungsfehler, so dass die hier hergeleiteten Ergebnisse allgemeiner sind und das System besser nachbilden als die operationale Analyse es kann. Allerdings gibt es auch in /Buzen80b/ Ansätze zu einer einfachen Modellierungsfehlerbetrachtung, dort Sensitivity Analysis genannt.)

Aus diesen Überlegungen folgt aber, dass die einzige Vergleichsmöglichkeit zwischen stochastischer und operationaler Modellierung von Wartesystemen ein Vergleich der Güte ist, mit der die jeweiligen Methoden das reale System nachbilden. Arbeiten hierzu sind /Sevci79/ und /Bryan80/.

Allerdings trifft dieses nur insoweit zu, als die stochastische Modellierung Aussagen über die Verteilung von Grössen eines Systems macht. Werden nur Aussagen über einzelne Kenngrössen solcher Verteilungen gemacht (z.B. über die Erwartungswerte), so lassen sich in der operationalen Analyse oft analoge Aussagen (z.B. über Mittelwerte) machen. Zwischen solchen Grössen ist aber ein rein formaler Vergleich im mathematischen Modell möglich. (Die in dieser Arbeit entwickelte Modellbildung gestattet es auch, Aussagen über höhere Momente zu machen, was allein mit der operationalen Methode nicht möglich ist. Deshalb können die Ergebnisse des hier entwickelten Modells mit mehr Formeln der stochastischen Analyse verglichen werden als es mit der operationalen Methode möglich ist.)

Je nachdem, welche Aussagen also über das untersuchte System gemacht werden, lässt sich ein Vergleich zwischen stochastischer und operationaler Analyse im mathematischen Modell durchführen, ohne die Güte betrachten zu müssen, mit der das reale System nachgebildet werden kann. Von solchen Vergleichen wird sowohl in der operationalen Analyse als auch in dieser Arbeit wiederholt Gebrauch gemacht.

Das Ziel einiger Arbeiten über die operationale Analyse ist es offenbar zu zeigen, dass die operationale Analyse Ergebnisse liefert, die vergleichbar denen der stochastischen Analyse sind. Dadurch soll gezeigt werden, dass die operationale und stochastische Analyse gleichmächtig sind. Sicherlich darf darüber hinaus nicht vernachlässigt werden, die absolute Güte der operationalen Analyse zu untersuchen, da insbesondere die Ergebnisse über die Genauigkeit der P-K-Mittelwertformel (Abschnitt 6.3) zeigen, dass auch die stochastische Analyse in gewissen Fällen reale Systeme nur schlecht modelliert.

Betrachten wir unsere Modellierungsuntersuchungen von einem mehr mathematischen Standpunkt, so kann man nach den Forderungen fragen, die an ein 'Axiomen-System' (d.h. an eine Menge von mathematischen Objekten, zwischen denen empirische Grundbeziehungen postuliert sind) gestellt werden.

Jedes mathematische Modell eines realen Systems hat die wichtige Eigenschaft der Widerspruchsfreiheit (d.h. es gibt keine das System betreffende Aussage A, so dass in dem System ableitbar ist, das sowohl A gilt als auch (non A). Wäre dieses möglich, so wäre die falsche Aussage (A und (non A)) ableitbar, und damit jede Aussage wahr /Loren70/. Eine wichtige Fragestellung in der Mathematik, die Menge aller denkbaren Aussagen in wahre und falsche einzuteilen, wäre nur noch trivial lösbar.)

Folgt man jetzt Meschkowski in /Mesch66/, so gibt es neben der Widerspruchsfreiheit nur noch eine wichtige Forderung an ein Axiomensystem:

Ein Axiomensystem soll möglichst wenige und möglichst einfache Axiome enthalten.

(Dieses ersetzt die Forderung nach der Unabhängigkeit der Axiome. Die Vollständigkeit des Systems wird nicht verlangt.)

Wollte man zwischen der operationalen Analyse und der stochastischen Analyse unter diesen Aspekten entscheiden, so würde diese letzte Forderung eher für die operationale Analyse sprechen.

1.5 Ein analytisches Modell für Wartesysteme.

In dieser Arbeit wird ein spezielles Modell für Wartesysteme verwendet, dessen grundsätzliche Konzepte im folgenden eingeführt werden sollen.

1. Betrachtet wird ein endlicher, nicht unterbrochener Zeitraum der Länge t.

2. Alle Grössen, die betrachtet werden, sind nur Grössen, die in diesem Zeitraum ermittelt werden können. Diese Grössen sind entweder reelle Funktionen, die in [0,t] definiert sind, oder Klassen solcher Funktionen.

3. Dem Erwartungswert in der Wahrscheinlichkeitstheorie wird hier der Mittelwert (entsprechend dem Begriff der relativen Häufigkeit aus der Statistik) gegenübergestellt, (jedoch wird der Mittelwert auch für beliebige Funktionen auf dem betrachteten Zeitraum [0,t] eingeführt).

4. In Analogie zur Stochastik werden höhere als die ersten Momente definiert, und es wird gezeigt, wie sich hierüber Beziehungen herleiten lassen.

5. Von den Begriffen der Stochastik werden die Begriffe Unabhängigkeit und Repräsentativität eingeführt. Beide können im Rahmen der hier vorgestellten Modellbildung gut nachgebildet werden.

Die operationale Analyse führt Messungen an realen Systemen in endlichen Zeiträumen durch und bildet von den gemessenen Grössen Mittelwerte. Das hier zu entwickelnde Modell ist also in den Punkten 1, 2 und 3 der operationalen Analyse ähnlich. Die Punkte 4 und 5 (sowie die Fehlerrechnung, die weiter unten besprochen wird) gehen darüber hinaus. Ausserdem interessieren hier weniger tatsächliche Messungen an realen Systemen, sondern 'denkbare' Fragestellungen an hypothetische Systeme, wobei jede mögliche Verhaltensweise des Systems untersucht werden muss.

Die stochastische Verkehrstheorie macht nur Grenzwertaussagen, d.h. Aussagen über Systeme, die unbeschränkt lange beobachtet werden können. Das hat den Vorteil, dass einige Modellierungsfehler mit wachsender Zeit gegen Null gehen, also nicht weiter berücksichtigt zu werden brauchen. In der operationalen Analyse werden zwar nur endliche Zeiträume untersucht, jedoch vermeidet man solche Modellierungsfehler, indem man nur entsprechend vereinfachte Systeme betrachtet. In dieser Arbeit sollen jedoch diese Modellierungsfehler genauer analysiert werden. Dazu führen wir ein Mass für die Abweichung zwischen zwei Zeitgrössen auf dem Zeitintervall [0,t] ein. Dieses Mass soll eine obere Schranke für den grössten Modellierungsfehler angeben ('worst-case-Analyse').

Es wird bei diesem Mass für den Fehler nicht wie in der Stochastik verlangt, dass die Abweichung mit der Wahrscheinlichkeit 1 gegen 0 geht, sondern dass z.B. in 95% aller Zeiten die Abweichung zwischen zwei betrachteten Funktionen weniger als 5% beträgt.

Die Beziehung zwischen zwei Funktionen, die derart einander angeglichen sind, soll Angleichung genannt werden, was als Zusammenfassung von 'angenähert gleich' oder eben 'angeglichen' verstanden werden kann. Es zeigt sich, dass sich mit dieser Definition der Angleichung ähnlich rechnen lässt wie mit dem aus der reellen Ananlysis bekannten Begriff des Grenzwertes. Allerdings ist hier bei Operationen mit den Funktionen der Fehler neu zu berechnen, und der wird in vielen Fällen schlechter (d.h. aus den 5% Abweichung werden 7% usw.).

1.6 Überblick.

Im zweiten Kapitel führen wir die mathematischen Objekte ein, mit denen wir in dieser Arbeit Wartesysteme modellieren wollen. Es handelt sich bei diesen Objekten um Funktionen oder Klassen von Funktionen, von denen Mittelwerte und höhere Momente, so wie Varianz und Standardabweichung definiert werden. Ferner zeigen wir eine wichtige Linearitätsbeziehung bei Mittelwerten und beweisen Gleichungen zwischen Varianz und Momenten.

Im dritten Kapitel wird das Mass definiert, das in dieser Arbeit die Modellierungsfehler zwischen zwei Funktionen in einem endlichen Zeitraum messen soll. Wir werden dieses als Angleichung bezeichnen. Dieser Begriff wird hier genauer analysiert und mit anderen denkbaren Definitionen verglichen, auch mit der Fehlerfortpflanzungsrechnung nach Gauss, wie sie in der Physik und der Technik verwendet wird. Weiter wird zu den Angleichungen eine Arithmetik untersucht und überlegt, wie Fehler der Eingangsvoraussetzungen tatsächlich ermittelt werden können. Ausserdem werden hier die Begriffe Unabhängigkeit und Repräsentativität eingeführt. Abgehoben von der Anwendung auf Wartesysteme wird zum Schluss der Nutzen der Angleichungen für die Fehlerfortpflanzung bei analytischen Funktionen gezeigt und ein weiteres Beispiel für die Verwendung der Angleichungen gegeben.

Im vierten Kapitel werden die Grössen in Wartesystemen, die in dieser Arbeit untersucht werden sollen, definiert, und es werden einige Definitionen zu dem Begriff Gleichgewicht von Systemen gegeben. Weiter werden hier die Zwischenankunftszeiten genauer betrachtet und einige wichtige Ergebnisse gezeigt, die aus der Theorie der stochastischen Prozesse, nicht aber aus der operationalen Analyse bekannt sind. U.a. wird hier das Restzeitparadoxon für unser endliches Modell untersucht.

Im fünften Kapitel wird zunächst genauer das sogenannte Gesetz von Little analysiert und gezeigt, dass es in dem hier entwickelten Modell für alle Systeme exakt gilt. Dieses Gesetz wird mit der sonst üblichen Betrachtung dieser Formel verglichen und verallgemeinert. Danach wird untersucht, welche Aussagen über Klassen von Aufträgen in Systemen gemacht werden können, und welche Grössen eines Systems sich ändern, wenn Aufträge das System öfters besuchen. Schliesslich werden noch zwei bei Buzen gefundene Gesetze hergeleitet und bezüglich des Antwortzeitgesetzes eine Fehlerbetrachtung durchgeführt.

Im sechsten Kapitel untersuchen wir Beziehungen zwischen höheren Momenten von Grössen in Wartesystemen. Es wird zunächst die Last des Bedieners bzw. des gesamten Wartesystems untersucht und für die letztere eine neue Formel hergeleitet, die für Systeme im Flussgleichgewicht gute Ergebnisse liefert. Dann wird die P-K-Mittelwertformel bewiesen und eine wichtige Aussage über die

Genauigkeit gemacht, mit der diese Formel gilt. Schliesslich wird eine allgemeine Formel für die mittlere Wartezeit hergeleitet, und auch dort werden einige Fehlerabschätzungen durchgeführt.

Im siebten Kapitel werden einige Erhaltungssätze bewiesen, wie sie aus der stochastischen Verkehrstheorie bekannt sind. Es wird gezeigt, dass für bestimmte Klassen von Bedienstrategien die mittleren Wartezeiten der Aufträge nicht von der Bedienstrategie abhängen, dass bei Klasseneinteilung der Aufträge nach der Bedienzeit eine einfache Erhaltungsgleichung gezeigt werden kann, und dass bei Einteilung der Aufträge in beliebige Klassen Kleinrocks Erhaltungssatz gültig ist. Für alle diese Sätze werden Fehlerabschätzungen durchgeführt und für einige Beispiele durchgerechnet.

Die hier durchgeführten Untersuchungen sollen reale Systeme modellieren, und es wurde bereits im Abschnitt 1.2 erwähnt, dass die Güte eines solchen Modells nur durch direkten Vergleich mit dem realen System bestimmt werden kann. Das reale System ist hier durch ein Simulationsprogramm gegeben, so dass die am Simulator gemessenen Werte mit den analytisch ermittelten Werten verglichen werden können. In vielen Fällen konnte gezeigt werden, dass für Systemem im Gleichgewicht die analytischen Formeln hinreichend genau gelten. Dieses gilt allerdings nicht für die P-K-Mittelwertformel, bei der mit zunehmender Auslastung die Genauigkeit schlechter wird. Dieses stimmt mit den analytischen Untersuchungen in dieser Arbeit sehr gut überein.

Einige Schlussbetrachtungen und Überlegungen zu weiteren Forschungsmöglichkeiten auf diesem Gebiet beschliessen im neunten Kapitel diese Arbeit.

2.0 Funktionen zur Modellierung von Systemen.

2.1 Zeit-, Zähl- und Kumulationsgrössen.

Betrachten wir ein System S, z.B. die Abfertigung an einer kleinen Poststation (mit einem Beamten, genannt 'Bediener'). Die Kunden, (genannnt 'Aufträge') kommen zu irgendwelchen Zeiten an, stellen sich, falls noch jemand vor ihnen ist, an und werden irgendwann eine Zeitlang bedient. Ist ein Kunde fertig bedient, so verlässt er die Poststation wieder. Dieses System lässt sich folgendermassen modellieren:

1. Wir beobachten das System vom Zeitpunkt 0 bis zum Zeitpunkt t. Sei $s \in [0,t]$ ein Punkt aus diesem Zeitintervall.

2. a(s) gebe die Zahl der Aufträge an, die bis zur Zeit s das System betreten haben.

3. b(s) gebe die Zahl der Aufträge an, die bis zur Zeit s das System verlassen haben.

Hieraus lässt sich dann eine weitere Grösse herleiten:

4. n(s) := a(s)-b(s) gebe die Zahl der Aufträge an, die sich zum Zeitpunkt s im System befinden. n(s) wird Füllung des Systems genannt.

Die Funktionen a(s), b(s) und n(s) sind Abbildungen des Zeitintervalls [0,t] in die natürlichen Zahlen. Allgemeiner wollen wir eine Abbildung von einem reellen Intervall [0,t] (aufgefasst als Zeitraum) in eine Teilmenge der reellen Zahlen im folgenden als Zeitgrösse bezeichnen. In dieser Arbeit sollen Zeitgrössen verwendet werden, um mit ihnen uns interessierende Systeme zu modellieren. Dabei gibt eine solche Zeitgrösse das zeitliche Verhalten wichtiger Grössen des Systems wieder.

Der Postbeamte in unserem Beispiel lege sehr viel Wert auf seinen Feierabend. Er öffne also zum Zeitpunkt 0 das Postamt und 'werfe' zum Zeitpunkt t alle Kunden, die sich evtl. noch im Postamt befinden, hinaus (ohne sie fertig bzw. überhaupt zu bedienen). Die Zeit, die der i-te Kunde in dem Postamt verbringt, werde mit w_i bezeichnet.

Werde jetzt der Zeitpunkt, an dem der i-te Kunde das Postamt betrat, mit s_i bezeichnet, und der Zeitpunkt, an dem er das Postamt verliess, mit t_i bezeichnet. Es gilt dann:

$$0 \leq s_i < t_i \leq t.$$

Nun werde für jeden Kunden eine Zeitgrösse eingeführt:

$$n_i(s) := 1, \text{ falls } s_i \leq s \leq t_i,$$
$$0 \text{ sonst.}$$

Die Menge von Zeitgrössen

$$\{n_i(s)\}_{i\in N, s\in [0,t]}: \text{Zählgrösse}$$

werde dann als Zählgrösse bezeichnet. Zählgrössen sind somit Mengen mit von der Zeit $s \in [0,t]$ und einem Index $i \in X \subseteq N$ abhängigen reellwertigen Funktionen. Die Menge X muss dabei zu jeder Zählgrösse mit definiert sein. In unserem Beispiel ist a(s) die Zahl aller Kunden, also $X = \{1..a(s)\}$.

Der Übersichtlichkeit wegen werden wir im folgenden oft statt $\{1..a(s)\}$ einfach a(s) schreiben. Das wird i.allg. nicht zu Verwechslungen führen. Ausserdem werde vereinbart, dass $n_i := n_i(t)$, d.h. ein nicht geschriebener Zeitparameter ist stets durch t zu ersetzen. Auch sei es erlaubt, bei ihrer Definition statt der Menge von Zählgrössen nur eine Zählgrösse zu schreiben, d.h. $n_i(s)$ mit Indexmenge a(s) sei bereits eine vollständige Definition der Zählgrösse:

$$\{n_i(s)\}_{i\in \{1..a(s)\}, s\in [0,t]}.$$

Die Motivation für die Einführung der Zählgrösse ist die breite Anwendbarkeit dieses Begriffs. Denn offenbar ist jede Zeitgrösse eine Zählgrösse mit Indexmenge $\{1\}$.

Ausserdem folgt für unser Beispiel:

$$n(s) = \sum_{i=1}^{a(s)} n_i(s).$$

Weiter folgt für die Verweilzeit des i-ten Kunden im Postamt:

$$w_i(t) = \int_0^t n_i(s) \cdot ds.$$

Definieren wir etwas allgemeiner:

$$w_i(s) := \int_0^s n_i(u) \cdot du,$$

so ist auch $\{w_i(s)\}$ eine Zählgrösse mit Indexmenge $\{1..a(s)\}$. $w_i(s)$ gibt dabei die Zeit an, die der i-te Kunde bis zum Zeitpunkt s im Postamt verbrachte.

Die oben eingeführte Zeitgrösse a(s) (und ebenso b(s)) unterscheidet sich von der Zeitgrösse n(s) in folgendem Punkt:

n(s) kann grösser oder kleiner werden, während a(s) nur monoton nicht fällt. n(s) und a(s) nehmen beide nur natürliche Zahlen als Werte an (oder 0), aber a(s) kann als 'Zähler' von Ereignissen aufgefasst werden. Beispiele für Ereignissen sind: Ankunft eines Auftrags, Abgang eines Auftrags. Wir wollen daher Zeitgrössen der Art a(s) noch von denen der Art n(s) unterscheiden und sie als Kumulationsgrössen bezeichnen. Allgemeiner nennen wir monoton nicht fallende Zeitgrössen, die Werte aus den reellen Zahlen annehmen, Kumulationsgrössen. I.allg. wird nicht verlangt, dass Kumulationsgrössen zur Zeit 0 den Wert 0 haben.

An dieser Stelle sei noch einmal zusammengefasst, wie unsere Modellbildung und die mathematischen Objekte zur Modellierung von Wartesystemen im folgenden stets aussehen werden:

2.1.1 Modellbildung von Wartesystemen.

1. Das System wird nur während eines endlichen Zeitraums betrachtet, der durch ein reelles Intervall $[0,t] \subseteq \mathbb{R}$ gegeben sei.

2. Eine Abbildung, die jedem Punkt aus diesem reellen Intervall ein Element aus einer Teilmenge der reellen Zahlen zuordnet, werde als Zeitgrösse bezeichnet.

3. Eine (endliche) Folge reeller Zeitgrössen werde als Zählgrösse bezeichnet.

4. Eine monoton nicht fallende Zeitgrösse mit Werten in den reellen Zahlen soll Kumulationsgrösse genannt werden.

2.2 Mittelwertbildung.

Die bislang definierten Funktionen geben totale Information über das System. So kann z.B. zu jedem Zeitpunkt $u \in [0,t]$ die Füllung des Systems durch n(u) berechnet werden. Diese Information ist i.allg. viel zu komplex, und daher für eine Bewertung dieser Grösse wenig geeignet. Statt dessen benutzt man gerne Masszahlen solcher Funktionen, z.B. den Mittelwert. Im folgenden soll die Mittelwertbildung für Zeit-, Zähl- und Kumulationsgrössen motiviert und formal definiert werden.

Sei n(s) irgendeine Zeitgrösse (z.B. die Füllung des Systems zum Zeitpunkt s). Nehmen wir jetzt einen beliebigen Zeitpunkt aus dem Zeitraum $[0,t]$ heraus, so finden wir dort einen Wert für die Zeitgrösse n. Wir können dieses für zufällig gewählte Zeitpunkte des Intervalls $[0,t]$ häufig wiederholen und die so erhaltenen Werte für n mitteln. Da jeder Punkt des Intervalls mit gleicher Wahrscheinlichkeit ausgewählt werden soll, müssen bei dieser Mittelung alle Punkte gleichermassen berücksichtigt werden. Es wird also vernünftig sein, als Mittelwert einer Zeitgrösse das folgende Integral einzuführen:

$$N(s) := \frac{1}{s} \cdot \int_0^s n(u) \cdot du \qquad (s>0)$$

Wir werden im folgenden, soweit möglich, als Mittelwert stets den grossen lateinischen Buchstaben verwenden. Wo dieses nicht möglich (oder auf keinen Fall üblich) ist, werde wie üblich die Überstreichung gewählt, um die Mittelung anzudeuten. Soweit nichts anderes definiert ist, sind also $\bar{n}(s)$ und N(s) gleichbedeutend.

Die Mittelung erfolgt zunächst nur über dem Intervall [0,s]; in vielen Fällen wird jedoch nur die Mittelung über dem gesamten Intervall von Interesse sein, also N(t).

Ist in der letzten Definition s=0 (also nur am Anfang des Zeitraums [0,t]), so hat natürlich auch das Integral den Wert 0. Im folgenden soll bei Mittelwertbildung dieser Ausdruck stets den Wert 0 erhalten. Zwar mögen andere Definitionen denkbar sein, da aber der Nullpunkt als Randpunkt für uns von nur geringem Interesse ist, wollen wir uns damit nicht weiter belasten.

Im allgemeinen handelt es sich bei Zeitgrössen um recht einfache Funktionen, die auch elementar integrierbar sind. Die Integralnotation gestattet jedoch eine einfachere Bechreibung der gewünschten Grösse als die ebenfalls mögliche Summenschreibweise.

Haben wir eine Zählgrösse (z.B. $x_i(s)$, die Bedienzeit, die der i-te Auftrag anfordert, mit Indexmenge a(s)), so definieren wir in der üblichen Weise den Mittelwert dieser Zählgrösse als die Summe aller a(t) Zeitgrössen $x_i(s)$, dividiert durch die Anzahl dieser Summanden.

$$\bar{x}(s) := X(s) := \frac{1}{a(s)} \cdot \sum_{i=1}^{a(s)} x_i(s).$$

Man beachte, dass X(s) wieder eine Zeitgrösse ist. Wir haben somit aus einer Zählgrösse eine neue Zeitgrösse definiert. Dieses wird analog auch bei Kumulationsgrössen möglich sein.

In unserem Beispiel ist X(s) die mittlere Bedienzeit, die die bis zum Zeitpunkt s im System eingetroffenen Aufträge im Mittel in der Zeiteinheit angefordert haben.

Als letztes wollen wir noch eine Mittelwertbildung für Kumulationsgrössen einführen. Zwar sind Kumulationsgrössen Zeitgrössen, doch scheint die für Zeitgrössen eingeführte Mittelwertbildung für Kumulationsgrössen wenig sinnvoll. Uns interessiert vielmehr die mittlere Zahl von Ereignissen, die in dem betrachteten Zeitraum in der Zeiteinheit auftraten, so dass wir sinnvollerweise definieren (mit a(s) als Kumulationsgrösse):

$$A(s) := \frac{a(s)}{s} \qquad (s>0).$$

Da a(s) die Zahl der bis zum Zeitpunkt s in das System eingetretenen Aufträge angibt, ist $A(s)=\frac{a(s)}{s}$ die mittlere Zahl der pro Zeiteinheit in diesem Zeitraum in das System eingetretenen Aufträge. Diese Grösse wird auch als Zugangsrate bezeichnet, allgemeiner als Ereignisrate. Auch die Ereignisrate ist wieder eine Zeitgrösse.

Werden durch eine Kumulationsgrösse Zeiten aufsummiert, so gibt der Mittelwert der Kumulationsgrösse, den wir allgemein als Kumulationsrate bezeichnen wollen, den Bruchteil der aufsummierten Zeiten zu der Gesamtzeit an. Eine solche Grösse werden wir als Auslastung bezeichnen.

Wir haben somit drei Mittelwertbildungen eingeführt:

Definition 2.2.1 - Mittelwertbildung bei Zeit-, Zähl- und Kumulationsgrössen.

1. Ist n(s) eine Zeitgrösse, so ist die Zeitgrösse:

$$N(s) := \frac{1}{s} \cdot \int_0^s n(u)\cdot du.$$

der Mittelwert der Zeitgrösse n(s).

2. Ist $x_i(s)$ eine Zählgrösse mit Indexmenge a(s), so ist die Zeitgrösse:

$$X(s) := \frac{1}{a(s)} \cdot \sum_{i=1}^{a(s)} x_i(s)$$

der Mittelwert der Zählgrösse $x_i(s)$.

3. Ist a(s) eine Kumulationsgrösse, so ist die Zeitgrösse:

$$A(s) := \frac{a(s)}{s}$$

die Kumulationsrate von a(s). Die Kumulationsrate wird in Sonderfällen auch Ereignisrate oder Auslastung genannt.

Die Erwartungswerte in der Wahrscheinlichkeitstheorie sind linear, d.h. es gilt in der dort üblichen Notation:

$$E[a \cdot X + b \cdot Y] = a \cdot E[X] + b \cdot E[Y],$$

wobei X und Y Zufallsvariablen sind und a und b Konstante.

Für Zeitgrössen x(s) und y(s) gilt aufgrund der Linearität des Integrals:

$$\overline{a \cdot x(s) + b \cdot y(s)} = \frac{1}{s} \cdot \int_0^s \{a \cdot x(u) + b \cdot y(u)\} \cdot du =$$

$$= a \cdot \frac{1}{s} \cdot \int_0^s x(u) \cdot du + b \cdot \frac{1}{s} \cdot \int_0^s y(u) \cdot du =$$

$$= a \cdot X(s) + b \cdot Y(s).$$

Also ist die Mittelwertbildung bei Zeitgrössen ebenfalls linear.

Ebenso folgt für Kumulationsgrössen:

$$\frac{a \cdot a(s) + b \cdot b(s)}{s} = a \cdot \frac{a(s)}{s} + b \cdot \frac{b(s)}{s},$$

so dass auch hier die Mittelwertbildung linear ist.

Für Zählgrössen gilt dieses i.allg nicht. Ist etwa

$$X(s) = \frac{1}{a(s)} \cdot \sum_{i=1}^{a(s)} x_i(s)$$

und

$$Y(s) = \frac{1}{b(s)} \cdot \sum_{i=1}^{b(s)} y_i(s),$$

so kann nur dann auf

$$\overline{x(s) + y(s)} = X(s) + Y(s)$$

geschlossen werden, falls

$$a(s) = b(s),$$

was i.allg. nicht zutreffen muss. Soll trotzdem die Mittelwertbildung bei

Zählgrössen als linear betrachtet werden, so müssen entsprechende Betrachtungen über die Indexmengen vorgenommen werden.

Wir halten die Ergebnisse in einem Satz fest:

Satz 2.2.2 - Die Mittelwertbildung bei Zählgrössen mit gleichmächtigen Indexmengen, bei Zeitgrössen und bei Kumulationsgrössen ist linear.

2.3 Momente höherer Ordnung und Varianz.

Unsere Mittelwerte entsprechen Erwartungswerten aus der Wahrscheinlichkeitstheorie. Diese werden dort auch als Momente erster Ordnung bezeichnet. Momente höherer Ordnung können aber auch in diesem Modell definiert werden. Ihre Bedeutung wird in der Wahrscheinlichkeitstheorie diskutiert. Wir werden insbesondere das zweite Moment benutzen, um den Begriff der Varianz einzuführen.

Definition 2.3.1 - Momente höherer Ordnung bei Zähl- und Zeitgrössen.

1. Ist n(s) eine Zeitgrösse, so ist die Zeitgrösse

$$\overline{n^k}(s) := \frac{1}{s} \cdot \int_0^s n^k(u) \cdot du \qquad (s>0)$$

das k-te Moment der Zeitgrösse n(s).

2. Ist $x_i(s)$ eine Zählgrösse mit Indexmenge {1..a(s)}, so ist die Zeitgrösse

$$\overline{x^k}(s) := \frac{1}{a(s)} \cdot \sum_{i=1}^{a(s)} x_i^k(s).$$

das k-te Moment der Zählgrösse $x_i(s)$.

Ist $x_i(s)$ eine Zählgrösse mit Indexmenge {1..a(s)} und Mittelwert X(s), so kann als Mass für die Abweichungen der einzelnen Zählgrössen $x_i(t)$ von dem Mittelwert X(t) die folgende Zahl eingeführt werden:

$$V(x) := \frac{1}{a(t)} \cdot \sum_{i=1}^{a(t)} \{X(t)-x_i(t)\}^2 \text{: Varianz.}$$

Die positive Wurzel aus der Varianz hat die gleiche Dimension wie $x_i(s)$ und ist daher oft anschaulicher. Sie wird als Standardabweichung bezeichnet:

$$S(x) := \sqrt{V(x)}: \text{ Standardabweichung.}$$

Für die Varianz erhalten wir aus der Definition:

$$V(x) := \frac{1}{a(t)} \cdot \sum_{i=1}^{a(t)} \{X(t)-x_i(t)\}^2 =$$

$$= \frac{1}{a(t)} \cdot \{\sum_{i=1}^{a(t)} x_i^2 + \sum_{i=1}^{a(t)} X^2(t) - 2 \cdot X(t) \cdot \sum_{i=1}^{a(t)} x_i\} =$$

$$= \overline{x^2}(t) + X^2(t) - 2 \cdot X^2(t).$$

Daraus folgt:

$$V(x) = \overline{x^2}(t) - X^2(t).$$

Für die Summe zweier Zählgrössen erhalten wir nach einer Reihe elementarer Umformungen:

$$V(x+y) = \frac{1}{a(t)} \cdot \sum_{i=1}^{a(t)} \{X(t)+Y(t) - [x_i+y_i]\}^2 =$$

$$= \frac{1}{a(t)} \cdot \sum_{i=1}^{a(t)} [\{X^2(t) + Y^2(t) + 2 \cdot X(t) \cdot Y(t)\} +$$

$$\{x_i^2 + y_i^2 + 2 \cdot x_i \cdot y_i\} -$$

$$2 \cdot \{X(t)+Y(t)\} \cdot \{x_i+y_i\}] =$$

$$= \frac{1}{a(t)} \cdot \sum_{i=1}^{a(t)} [X^2(t) + x_i^2 - 2 \cdot X(t) \cdot x_i +$$

$$Y^2(t) + y_i^2 - 2 \cdot Y(t) \cdot y_i +$$

$$2 \cdot \{x_i \cdot y_i - X(t) \cdot y_i - Y(t) \cdot x_i +$$

$$X(t)\cdot Y(t)\}],$$

woraus folgt:

$$V(x+y) = V(x) + V(y) + 2\cdot\{\overline{x\cdot y} - X\cdot Y\}.$$

Die Varianz kann gemäss ihrer Definition niemals negativ werden. Es gilt:

$$V(x) = V(-x). \quad (2.3.2)$$

Für die Differenz zweier Zählgrössen erhalten wir dann:

$$V(x-y) = V(x+\{-y\}) = V(x) + V(y) - 2\cdot\{\overline{x\cdot y} - X\cdot Y\}. \quad (2.3.3)$$

Für Zeitgrössen x(s) erhalten wir analog:

$$V(x) = \frac{1}{t}\cdot\int_0^t \{X(t) - x(s)\}^2\cdot ds =$$

$$= \frac{1}{t}\cdot\int_0^t \{X^2(t) + x^2(s) - 2\cdot X(t)\cdot x(s)\}\cdot ds =$$

$$= X^2(t) - 2\cdot X^2(t) + \overline{x^2}(t),$$

woraus folgt:

$$V(x) = \overline{x^2}(t) - X^2(t).$$

Weiter erhalten wir für die Summe zweier Zeitgrössen:

$$V(x+y) = \frac{1}{t}\cdot\int_0^t \{X(t)+Y(t) - [x(s)+y(s)]\}^2\cdot ds =$$

$$= \frac{1}{t}\cdot\int_0^t [\, X^2(t) + Y^2(t) + 2\cdot X(t)\cdot Y(t) +$$

$$x^2(s) + y^2(s) + 2\cdot x(s)\cdot y(s) -$$

$$2\cdot\{X(t)+Y(t)\}\cdot\{x(s)+y(s)\}\,]\cdot ds =$$

$$= \frac{1}{t}\cdot\int_0^t [\, X^2(t) + x^2(s) - 2\cdot X(t)\cdot x(s) +$$

$$Y^2(t) + y^2(s) - 2\cdot Y(t)\cdot y(s) +$$

$$2\cdot\{x(s)\cdot y(s) - X(t)\cdot y(s) - Y(t)\cdot x(s) + X(t)\cdot Y(t)\}\,]\cdot ds,$$

woraus folgt:

$$V(x+y) = V(x) + V(y) + 2\cdot\{\overline{x\cdot y} - X\cdot Y\}.$$

Setzen wir noch zur Abkürzung:

$$[x\cdot y] := 2\cdot\{\overline{x\cdot y} - X\cdot Y\}\text{: } 2\cdot\text{Kovarianz}, \qquad (2.3.4)$$

so erhalten wir den folgenden Satz:

Satz 2.3.5 - Seien x_i und y_i Zählgrössen mit gleichmächtigen Indexmengen, oder seien $x(s)$ und $y(s)$ Zeitgrössen. Dann hat die Varianz die folgenden Eigenschaften:

1. $V(x) = \overline{x^2} - X^2$.
2. $V(-x) = V(x)$.
3. $V(x+y) = V(x) + V(y) + [x\cdot y]$.
4. $V(x-y) = V(x) + V(y) - [x\cdot y]$.

Während die Varianz die mittlere absolute Abweichung einer Grösse von ihrem Mittelwert angibt, kann die mittlere relative Abweichung folgendermassen definiert werden:

$$C^2(x) := V\left(\frac{x}{X}\right) = \frac{V(x)}{X^2} = \frac{\overline{x^2}-X^2}{X^2} = \frac{\overline{x^2}}{X^2} - 1 \qquad (2.3.6)$$

Die Quadratwurzel hieraus wird Variationskoeffizient genannt. Der Variationskoeffizient gestattet einen direkten Vergleich der Streuungen verschiedener Grössen, und ist aus diesem Grunde manchmal praktischer.

3.0 Angleichungen.

Im folgenden soll ein Mass motiviert und eingeführt werden, das sich im Rahmen unserer Modellbildung für Wartesysteme dazu eignet, Abweichungen zwischen ähnlichen Funktionen zu beschreiben.

3.1 Definition der d-Genauigkeit.

Wir gehen wieder von einem endlichen Zeitraum $[0,t]$ aus, auf dem eine Zeitgrösse $x(u)$, $u \in [0,t]$, definiert sein möge. Wie bereits in der Einleitung erwähnt, kann x jede denkbare Funktion auf $[0,t]$ sein. Im allgemeinen kommt x jedoch eine gewisse Interpretation zu, so dass viele zulässige Funktionen für x in Systemen niemals auftreten.

Gebe z.B.:

$$x(u) := \sum_{i=1}^{a(u)} x_i$$

die Summe aller bis zum Zeitpunkt u von ankommenden Aufträgen angeforderten Bedienzeiten an (es kommen gerade $a(u)$ Aufträge an), so kann die mittlere Bedienzeit pro Auftrag sinnvoll eingeführt werden durch:

$$X(u) := \frac{x(u)}{a(u)}.$$

Werde jetzt X als die über die Aufträge gemittelte Bedienzeit im gesamten Zeitraum $[0,t]$ eingeführt (z.B. $X:=X(t)$), dann wird im allgemeinen X für viele u von $X(u)$ abweichen. Wollen wir jetzt nur Zeitgrössen X betrachten, bei denen diese Abweichung gering ist, so werden wir verlangen, dass $X(u)$ sich zumindest zu nahezu allen Zeitpunkten auf $[0,t]$ nicht wesentlich von X unterscheidet.

Wir müssen also zwei Begriffe klären:

1. Zwei Funktionen weichen nur 'unwesentlich' voneinander ab.

2. Eine Aussage gilt zu 'nahezu allen Zeiten'.

Wir beschäftigen uns zunächst mit dem zweiten Punkt. Sei $[0,t]$ das betrachtete Intervall und seien $[r_i,s_i]$ endlich viele, disjunkte Teilintervalle von $[0,t]$, in denen die Abweichung zwischen X und $X(u)$ 'wesentlich' ist. Dann verlangen wir, dass

$$\sum_i (s_i - r_i)$$

im Vergleich zu t nur eine kleine Gesamtlänge hat. Dazu führen wir die folgende Definition ein:

Definition 3.1.1 - Sei A eine Aussage über alle Punkte $u \in [0,t]$ auf dem Intervall $[0,t]$, und sei d eine reelle positive Zahl, $0 \leq d \in \mathbb{R}$. Dann sagen wir:

A gilt d-fast überall auf $[0,t]$, falls es eine endliche Menge disjunkter Intervalle $[r_i, s_i]$ gibt, so dass A gilt auf jedem Punkt u, der in keinem solchen Intervall liegt, und falls die Gesamtlänge dieser Intervalle kleiner ist als $d \cdot t$. Sei k die Anzahl dieser Intervalle, so ist::

$$\frac{1}{t} \cdot \sum_{i=1}^{k} (s_i - r_i) \leq d.$$

Zur Vereinfachung mancher Formulierung werden wir im folgenden alle $u \in [0,t]$, die in einem der Intervalle $[r_i, s_i]$ liegen, als 'd-unwesentliche' Zeitpunkte bezeichnen (oder unwesentliche, falls keine Verwechslung auftreten kann), während die $u \in [0,t]$, die in keinem solchen Intervall gelegen sind, als 'd-wesentliche' (wesentliche) Zeitpunkte bezeichnet werden sollen.

Gilt A auf $[0,t]$ d-fast überall, so gilt A offenbar nur dann in mindestens einem Punkte $s \in [0,t]$, falls $d<1$.

Dieses d soll nun auch das Mass für die Abweichung der beiden Funktionen auf $[0,t]$ sein (in unserem Beispiel zwischen X und X(u)). Man könnte auch noch anders vorgehen, und statt des d's eine weitere Masszahl für die Abweichung der Werte der Funktionen einführen. Allerdings würde dieses die formale Argumentation komplizierter machen und für unsere Zwecke keine weiteren Erkenntnisse liefern.

Daher soll das Mass für die Länge der unwesentlichen Zeitintervalle ebenfalls die maximale Abweichung angeben, die Werte zweier Funktionen in wesentlichen Intervallen annehmen. Da das d nun stets kleiner sein soll als 1, folgt, dass die absolute Grösse von X bzw. X(u) keine Rolle spielen darf. Daher führen wir zunächst die folgende Definition ein:

Definition 3.1.2 - Sind x und y zwei Funktionen auf $[0,t]$ (z.B. Zeitgrössen oder Kumulationsgrössen), und ist d eine reelle Zahl, für die gilt: $0 \leq d \in$, so sagen wir:

x ist auf $[0,t]$ mit d-Genauigkeit y angeglichen, falls d-fast überall auf $(0,t]$ gilt:

$$|x(u)-y(u)| \leq d \cdot |x(u)| \qquad (3.1.2.1)$$

Wir schreiben dafür:

$$(d:) \quad x(u) \;\text{->}\; y(u),$$

und nennen diesen Ausdruck eine d-Angleichung (oder kürzer Angleichung) zwischen x und y auf [0,t]. Wir nennen d die Genauigkeit, mit der x auf [0,t] y angeglichen ist.

Man beachte, dass bei unseren Überlegungen der Zeitpunkt 0 i.allg. nicht eingeschlossen zu sein braucht. Der Grund hierfür ist, dass dieser Punkt oft unbestimmte Werte liefert (etwa bei der Division durch die Zeit u bei der Mittelwertbildung), deren genauere Betrachtung keine wesentlichen Erkenntnisse liefert.

Als erstes interessiert die Frage, ob ein solches d stets eindeutig bestimmbar ist. Wir werden im Abschnitt 3.3 hierzu ein Verfahren angeben, nach dem für eine grosse Klasse von Funktionen bei gegebenem x und y ein solches d errechnet werden kann.

Wir nehmen zunächst an, dass $d<1$. Sei $x(u)=0$, so gilt in den d-wesentlichen Intervallen: $|y(u)| \leq 0$, was nur für $y(u)=0$ wahr sein kann. Ist jetzt $y(u)=0$, so folgt: $|x(u)| \leq d\cdot|x(u)|$, was für jedes $d < 1$ und $x(u)\neq 0$ falsch ist. Also dürfen weder x(u) noch y(u) jeweils allein den Wert 0 annehmen.

Da wir den Fall der Gleichheit in der Ungleichung 3.1.2.1 bei der Definition der Angleichung zulassen, können x(u) und y(u) für gleiches u den Wert 0 annehmen.

Wird $d\geq 1$, so wird ganz [0,t] unwesentlich, die Beziehung (3.1.2.1) braucht also nirgendwo auf [0,t] zu gelten. Daher (und da sich einige Sätze nur für $d<1$ beweisen lassen), wird im folgenden meist vorausgesetzt, dass $d<1$. Siehe hierzu aber auch die Definition 3.3.1.

Errechnet sich nun einmal ein $d\geq 1$, so ist die Aussage

$$(d:) \; x(u) \;\text{->}\; y(u)$$

richtig für alle Funktionen x und y.

Setzen wir in die letzte Definition für d den Wert 0 ein, so folgt:

$$|x - y| = 0 \quad \text{0-fast-überall,}$$

oder gleichbedeutend:

$$x = y \quad \text{0-fast-überall.}$$

Ergibt sich also bei irgendeiner Überlegung einmal für eine Genauigkeit einer Angleichung der Wert 0, so folgt aus der Angeglichenheit der Funktionen die Gleichheit der Funktionen auf [0,t] bis in evtl. endlich vielen Punkten.

An Definition 3.1.2 fällt zunächst auf, dass sie unsymmetrisch in $x(u)$ und $y(u)$ ist. Es soll daher überlegt werden, ob eine symmetrische Definition wesentlich andere Ergebnisse hervorbringt.

Definition 3.1.3 - Zwei Funktionen x und y stimmen auf $[0,t]$ mit d-Genauigkeit überein, falls gilt:

$$2\cdot|x(u)-y(u)| \le d\cdot\{|x(u)|+|y(u)|\} \qquad \text{(d-fast überall)}$$

Wir schreiben dafür: $(d:)\quad x(u) <-> y(u)$.

Würde $x(u)$ für ein wesentliches u den Wert 0 annehmen, so würde gelten:

$$2\cdot|y(u)| \le d\cdot|y(u)|$$

was für jedes $y(u)\neq 0$ und jedes $d < 1$ falsch ist (entsprechendes gilt für $y(u)=0$). Also schliesst diese Definition ebenfalls aus, dass $x(u)$ bzw. $y(u)$ für wesentliche Werte von u alleine den Wert 0 annimmt.

Um die Eigenschaften dieser beiden Definitionen genauer kennenzulernen, sollen im folgenden einige Aussagen dazu bewiesen werden.

Satz 3.1.4 - Sei $0\le d<1$.

1. $(d:)\quad x(u) -> y(u) \quad =>$

   $x(u)\cdot y(u)\ge 0$ und $\{x(u)=0 <=> y(u)=0\}$
   d-fast überall auf $[0,t]$.

2. $(d:)\quad x(u) <-> y(u) \quad =>$

   $x(u)\cdot y(u)\ge 0$ und $\{x(u)=0 <=> y(u)=0\}$
   d-fast überall auf $[0,t]$.

Beweis - Ist $x(u)=0$, so ist auch $y(u)=0$, und umgekehrt, wie bereits gezeigt. Dann gelten beide Behauptungen. Also können wir die Fälle $x(u)=0$ oder $y(u)=0$ ausschliessen.

1. Es gilt $|x(u)-y(u)| \le d\cdot|x(u)|$. Haben $x(u)$ und $y(u)$ verschiedenes Vorzeichen, so ist:

$$|x(u)|+|y(u)| = |x(u)-y(u)| \le d\cdot|x(u)|.$$

oder

$$|y(u)| \le \{d-1\}\cdot|x(u)|.$$

Da $d<1$, gilt diese Ungleichung nur für $x(u)=y(u)=0$. Es folgt, dass $x(u)$ und $y(u)$ gleiches Vorzeichen haben müssen.

2. Es gilt $|x(u)-y(u)| \le \frac{}{2}\cdot\{|x(u)|+|y(u)|\}$. Haben x(u) und y(u) verschiedenes Vorzeichen, so gilt:

$$|x(u)|+|y(u)| = |x(u)-y(u)| \le \frac{d}{2}\cdot\{|x(u)|+|y(u)|\},$$

woraus folgt, dass $d \ge 2$ sein muss. Das widerspricht aber der Voraussetzung.

Es zeigt sich weiter, dass die erste Definition die zweite 'nahezu' impliziert. Wir können nämlich den folgenden Satz beweisen:

Satz 3.1.5 - Sei $0 \le d < 1$ und gelte:

$$(d:)\quad x(u) \;\to\; y(u),$$

so folgt:

1. $|x(u)|\cdot\{1-d\} \le |y(u)| \le |x(u)|\cdot\{1+d\}$
   d-fast überall.

2. $$\left(\frac{d}{1-d}:\right)\quad y(u) \;\to\; x(u).$$

3. $$\left(\frac{d}{1-d}:\right)\quad x(u) \;\leftrightarrow\; y(u).$$

Beweis - Aus der Voraussetzung folgt, dass d-fast überall gilt:

$$|x(u)-y(u)| \le d\cdot|x(u)|.$$

Ist $x(u)=0$ oder $y(u)=0$, so folgen alle drei Behauptungen unmittelbar aus dem letzten Satz bzw. den Definitionen.

Seien daher $x(u) \neq 0$ und $y(u) \neq 0$, so folgt:

1. $$\left|\frac{y(u)}{x(u)} - 1\right| \le d \;\Rightarrow\; -d \le \frac{y(u)}{x(u)} - 1 \le d \;\Rightarrow$$

$$0 \le 1-d \le \frac{y(u)}{x(u)} = \frac{|y(u)|}{|x(u)|} \le 1+d,$$

woraus die erste Behauptung nach Erweitern mit $|x(u)|$ folgt.

2. Weiter folgt aus der Definition und 1.:

$$|y(u)-x(u)| \leq d\cdot|x(u)| \leq \frac{d}{1-d}\cdot|y(u)|.$$

Da $d \leq \frac{d}{1-d}$, gilt dieses auch $\frac{d}{1-d}$ -fast überall. Damit ist der zweite Teil der Behauptung bewiesen.

3. Um den dritten Teil zu beweisen, benötigen wir die folgenden Ungleichungen, die d-fast überall gelten:

$$|x(u)-y(u)| \leq d\cdot|x(u)|$$

$$|y(u)-x(u)| \leq \frac{d}{1-d}\cdot|y(u)|$$

Addition der Ungleichungen ergibt:

$$2\cdot|x(u)-y(u)| \leq d\cdot|x(u)| + \frac{d}{1-d}\cdot|y(u)|$$

oder, da $0 \leq d \leq \frac{d}{1-d}$, gilt d-fast überall:

$$2\cdot|x(u)-y(u)| \leq \frac{d}{1-d}\cdot\{|x(u)|+|y(u)|\}.$$

Aus der Definition 3.1.3 folgt dann die Behauptung.

Die Aussagen des letzten Satzes lassen sich mit gewissen Änderungen auch umkehren:

Satz 3.1.6 - Sei $0 \leq d < 1$ und gelte:

$$(d:) \quad x(u) \; \text{<->} \; y(u).$$

Dann folgt:

1. $x(u)\cdot\frac{2-d}{2+d} \leq y(u) \leq x(u)\cdot\frac{2+d}{2-d}$ d-fast überall.

2. $(d:) \quad y(u) \; \text{<->} \; x(u).$

3. $\left(\frac{2\cdot d}{2-d}:\right) \quad x(u) \; \text{->} \; y(u)$

$$\text{und } \left(\frac{2\cdot d}{2-d}:\right) \quad y(u) \rightarrow x(u).$$

Beweis - Ist $x(u)=0$, so folgt $y(u)=0$, und umgekehrt. Dann gelten aber alle Behauptungen dieses Satzes nach den entsprechenden Definitionen. Haben daher im folgenden weder $x(u)$ noch $y(u)$ den Wert 0.

1. Aus der Voraussetzung folgt:

$$\frac{|x(u)-y(u)|}{|x(u)|} = \left|1 - \frac{y(u)}{x(u)}\right| \leq \frac{d}{2}\cdot\left\{1 + \frac{|y(u)|}{|x(u)|}\right\}.$$

Nach Satz 3.1.4 haben $x(u)$ und $y(u)$ gleiches Vorzeichen, so dass $\frac{|y(u)|}{|x(u)|} = \frac{y(u)}{x(u)}$. Dann folgt:

$$-\frac{d}{2}\cdot\left\{1+\frac{y(u)}{x(u)}\right\} \leq \frac{y(u)}{x(u)} - 1 \leq \frac{d}{2}\cdot\left\{1+\frac{y(u)}{x(u)}\right\}. \qquad (3.1.6.1)$$

Aus der ersten Ungleichung folgt:

$$1 - \frac{d}{2} \leq \frac{y(u)}{x(u)}\cdot\left(1+\frac{d}{2}\right) \Rightarrow \frac{2-d}{2+d} \leq \frac{y(u)}{x(u)}.$$

Aus der zweiten Ungleichung von (3.1.6.1) folgt:

$$\frac{y(u)}{x(u)}\cdot\left\{1 - \frac{d}{2}\right\} \leq 1 + \frac{d}{2} \Rightarrow \frac{y(u)}{x(u)} \leq \frac{2+d}{2-d}. \qquad (3.1.6.2)$$

Ist $d=1$ (d.h. maximale Abweichung), so nehmen die untere und die obere Schranke von $\frac{y(u)}{x(u)}$ ihre extremen Werte an, also folgt:

$$\frac{1}{3} \leq \frac{y(u)}{x(u)} \leq 3. \qquad (3.1.6.3)$$

2. Folgt unmittelbar aus der Symmetrie der Definition.

3. Wegen der Symmetrie der Definition braucht nur die erste Angleichung gezeigt zu werden. Aus der Definition folgt zunächst nach Kürzen durch $x(u)$:

$$\frac{|x(u)-y(u)|}{|x(u)|} \leq \frac{d}{2}\cdot\left\{1+\frac{y(u)}{x(u)}\right\}.$$

Dann erhalten wir für die Genauigkeit d' der Angleichung unter 3. des Satzes:

$$d' = \frac{|x(u)-y(u)|}{|x(u)|} \leq \frac{d}{2}\cdot\{1+\frac{y(u)}{x(u)}\} \leq \frac{d}{2}\cdot\{1+\frac{2+d}{2-d}\} = \frac{2\cdot d}{2-d},$$

wobei die letzte Ungleichung nach (3.1.6.2) gilt.

Es zeigt sich also, dass die beiden Definitionen (besonders bei $d<<1$) mit nahezu gleicher Genauigkeit auseinander folgen. Die erste Definition ist jedoch etwas einfacher zu handhaben und soll aus diesem Grunde im folgenden ausschliesslich verwendet werden.

Es sei hier noch auf eine zweite, etwas einfachere Möglichkeit hingewiesen, den Begriff d-fast überall einzuführen. Im allgemeinen werden nämlich die untersuchten Grössen nach einer kurzen Einschwingzeit relativ konstant bleiben (falls das System im sogenannten Gleichgewicht ist. Siehe hierzu Abschnitt 4.1 und 4.2). Daher könnten wir verlangen, dass $x(u)$ nach einiger Zeit s nur noch unwesentlich von X abweicht, wobei $s/t \leq d$. Doch man sieht leicht, dass diese Definition ein Spezialfall der obigen ist, so dass wir im folgenden stets mit der allgemeineren Definition arbeiten werden. Allerdings lässt sich die letzte Definition leichter nachprüfen, so dass sie manchmal bequemer ist.

Aufgrund des Satzes 3.1.5.2 folgt aus:

$$(d:) \quad x(u) \;\rightarrow\; y(u)$$

i.allg. nicht:

$$(d:) \quad y(u) \;\rightarrow\; x(u).$$

Setzt man jedoch $D := \max(d, \frac{d}{1-d}) = \frac{d}{1-d}$, so folgt:

$$(D:) \quad x(u) \;\rightarrow\; y(u) \quad \text{und} \quad (D:) \quad y(u) \;\rightarrow\; x(u).$$

Verallgemeinert man die letzte Eigenschaft für beliebig viele Funktionen, so erhält man die folgende Definition:

Definition 3.1.7 - Sei M ein Menge von Zeitgrössen auf $[0,t]$ und gelte für je zwei Funktionen $x(u) \in M$ und $y(u) \in M$ und ein festes $0 \leq d < 1$:

$$(d:) \quad x(u) \;\rightarrow\; y(u) \quad \text{und} \quad (d:) \quad y(u) \;\rightarrow\; x(u),$$

so heissen die Zeitgrössen der Menge M einander symmetrisch d-angeglichen.

Die letzte Definition gestattet es, einige Aussagen einfacher zu formulieren, ohne die Allgemeinheit der Aussagen einzuschränken.

Die Definition 3.1.7 lässt sich nicht allein durch eine symmetrische Definition der d-Angleichung ersetzen, z.B. nach Definition 3.1.3, da auch solche symmetrischen Relationen nicht transitiv sind. Es gilt i.allg. nicht, dass aus:

$$(d:) \quad x(u) \leftrightarrow y(u) \quad \text{und} \quad (d:) \quad y(u) \leftrightarrow z(u),$$

geschlossen werden kann auf:

$$(d:) \quad x(u) \leftrightarrow z(u).$$

Genau dieses kann aber gefolgert werden, wenn x, y und z einander symmetrisch d-angeglichen sind.

3.2 Eigenschaften der Angleichungen mit d-Genauigkeit.

Um die Anwendungsmöglichkeiten des im letzten Abschnitt eingeführten Begriffs der Angleichung mit d-Genauigkeit kennenzulernen, sollen jetzt einige Sätze über diesen Begriff bewiesen werden. Zunächst werden wir uns dabei in Analogie zur reellen Analysis überlegen, welche Operationen man mit diesen angeglichenen Grössen ausführen kann.

Dabei werden wir zeigen, dass die jeweiligen Operationen mit den Grössen die Genauigkeiten verändern können. Fasst man nämlich mehrere Funktionen zu einer neuen zusammen, so hat man jeweils den schlechtesten Fall zu betrachten, und dafür jede Grösse auf gewissen Intervallen überhaupt keine Aussage gemacht wurde, können sich diese Intervalle im schlechtesten Falle addieren. Also werden die Genauigkeiten mindestens mit der Summe der d-Genauigkeiten der einzelnen Grössen abnehmen. I.allg wird die Verschlechterung der Genauigkeit noch grösser sein. (Siehe hierzu aber auch die Definition 3.3.1. Bei dem dort verwendeten Angleichungsbegriff kann man von diesem Fall absehen und erhält entsprechend weniger einschränkende Bedingungen. Das ergibt tatsächlich für die Addition sowie das Minimum und Maximum von Funktionen weniger scharfe Voraussetzungen.)

Unsere Hauptaufgabe wird also darin bestehen zu untersuchen, bei welchen Operationen sich die Genauigkeiten im schlimmsten Falle um wieviel verschlechtern können.

Als erstes untersuchen wir den Betrag einer Funktion.

Satz 3.2.1 - (Betrag): Sei $0 \leq d < 1$. Gelte:

$$(d:) \quad x(u) \rightarrow y(u).$$

Dann folgt:

$$(d:) \quad |x(u)| \rightarrow |y(u)|.$$

Beweis - Nach Voraussetzung gilt d-fast überall auf [0,t]:

$$|x(u)-y(u)| \leq d \cdot |x(u)|,$$

und es gilt:

$$\big|\, |x(u)| - |y(u)| \,\big| \leq |x(u)-y(u)|,$$

da x(u) und y(u) stets das gleiche Vorzeichen haben.

Damit erhalten wir dann:

$$||x(u)|-|y(u)|| \leq |x(u)-y(u)| \leq d\cdot|x(u)|.$$

Dann gilt aber auch:

$$(d:) \quad |x(u)| \;\text{->}\; |y(u)|,$$

was gezeigt werden sollte.

Jetzt betrachten wir die Summe zweier angeglichener Funktionen.

Satz 3.2.2 - (Addition): Seien für jedes wesentliche $u \in [0,t]$:

$$x(u) \geq 0 \quad \text{und } x'(u) \geq 0$$

zwei nicht negative Funktionen auf $[0,t]$. Seien $y(u)$ und $y'(u)$ zwei Funktionen auf $[0,t]$ und gelte:

$$(d:) \quad x(u) \;\text{->}\; y(u) \quad \text{und} \quad (d':) \quad x'(u) \;\text{->}\; y'(u),$$

so folgt:

$$(d+d':) \quad x(u) + x'(u) \;\text{->}\; y(u) + y'(u).$$

Beweis - Nach den Voraussetzungen haben wir zunächst:

$$|x(u)-y(u)| \leq d\cdot|x(u)|$$

und

$$|x'(u)-y'(u)| \leq d'\cdot|x'(u)|.$$

Da dieses mit d bzw. mit d'-Genauigkeit gilt, gilt beides überall auf $[0,t]$, ausser in Intervallen mit der maximalen Gesamtlänge $t\cdot(d+d')$. Dann gilt also $(d+d')$-fast überall:

$$|\{x(u)+x'(u)\} - \{y(u)+y'(u)\}| \leq$$

$$\leq |x(u)-y(u)| + |x'(u)-y'(u)| \leq$$

$$\leq d\cdot|x(u)| + d'\cdot|x'(u)| \leq \max(d,d')\cdot|x(u)+x'(u)| \leq$$

$$\leq (d+d')\cdot|x(u)+x'(u)|. \qquad (3.2.2.1)$$

Also folgt die Behauptung.

Dass die Genauigkeit im letzten Satz nicht einfach durch $\max(d,d')$ bestimmt werden kann, sieht man an dem folgenden Beispiel:

Sei $t = 100$;

Sei $x(u):=99$, falls $u \in [0,10]$, sonst 1.

Sei $x'(u):=99$, falls $u\in[90,100]$, sonst 1.
Sei $y(u):=1$.
Sei $y'(u):=1$.

Also gilt $(0.1:)\ x(u) \to y(u)$ und $(0.1:)\ x'(u) \to y'(u)$.

Dann ist auf dem Intervall [10,90] $x(u)+x'(u)=2$, während sonst $x(u)+y(u)=100$. Es ist stets $y(u)+y'(u)=2$. Also stimmen die Summen nur auf 80% des Intervalls überein, sonst weichen sie um nahezu 100% voneinander ab. Daher ist die Genauigkeit, mit der die Summen angeglichen sind, $d=0.1+0.1=0.2$, und nicht $d=\max(0.1,0.1)=0.1$.

Es folgt aber sofort die folgende Bemerkung:

Bemerkung: Gilt die Ungleichung (3.2.2.1) des letzten Satzes $\max(d,d')$-fast überall, so folgt mit den gleichen Voraussetzungen auch:

$$(\max(d,d'):)\quad x(u) + x'(u) \to y(u) + y'(u).$$

Dieses wird im Abschnitt 3.3 noch benötigt.

Im Gegensatz zu entsprechenden Operationen beim üblichen Grenzwertbegriff in der Analysis, wo die Genauigkeit d stets gegen Null konvergiert, wird bei diesen Untersuchungen bei bestimmten Operationen die Genauigkeit schlechter. Trotzdem lässt sich diese Definition der Angleichung sinnvoll anwenden.

Es fällt auf, dass der letzte Satz nur für nicht negative $x(u)$ bzw. $x'(u)$ gilt. Ein Beispiel zeigt, dass diese Voraussetzung nicht fallengelassen werden darf.

Beispiel 3.2.3 - Seien für ein wesentliches u:

1. $x(u)=10$
2. $y(u)=10{,}5$
3. $x'(u)=-10{,}1$
4. $y'(u)=-9{,}6$

Dann genügt ein

5. $d=0{,}05$

damit

$$|x(u)-y(u)| \leq d\cdot|x(u)|$$

und

$$|x'(u)-y'(u)| \leq d\cdot|x'(u)|,$$

wie man leicht nachrechnet. Aber es gilt:

$$|x(u)+x'(u)-\{y(u)+y'(u)\}|=1$$

und

$$(d+d)\cdot|x(u)+x'(u)| = 0{,}1 \cdot 0{,}1 = 0{,}01.$$

Es lässt sich zeigen, dass auch für die symmetrische Definition der d-Angleichung die Behauptung des Satzes nur mit den gemachten Einschränkungen gilt.

Die Vorzeichenbeschränkung für x(u) und x'(u) im letzten Satz wurde aufgenommen, um zu vermeiden, dass die Summe der beiden Funktionen zu klein wird. Der Grund für diese Abhängigkeit der d-Angleichung vom Betrag der Funktionswerte von x(u) bzw. x'(u) ist in der Definition zu finden. Denn es wurde verlangt, dass die relative Abweichung (in bezug auf x(u) bzw. x'(u)) nicht zu gross wird. Bei der Bildung von Differenzen kann der Absolutbetrag dieser Abweichung sogar grösser werden. Wird dann aber x(u)+x'(u) zu klein, so kann die relative Abweichung sehr gross werden, wie das Beispiel zeigte.

Man kann daher erwarten, das bei der Multiplikation weniger Probleme bezüglich des Vorzeichens auftreten. Das ist auch der Fall, wie der nächste Satz zeigt.

Satz 3.2.4 - (Multiplikation): Sei $0 \leq d < 1$. Gilt:

$$(d:)\quad x(u) \;\rightarrow\; y(u) \quad \text{und} \quad (d':)\quad x'(u) \;\rightarrow\; y'(u),$$

so folgt:

$$(d+d'+d\cdot d':)\quad x(u)\cdot x'(u) \;\rightarrow\; y(u)\cdot y'(u).$$

Beweis - Wir zeigen die folgende Ungleichung:

$$|x(u)\cdot x'(u) - y(u)\cdot y'(u)| =$$

$$= |\{x(u)-y(u)\}\cdot x'(u) + \{x'(u)-y'(u)\}\cdot x(u) +$$

$$+ \{y(u)-x(u)\} \cdot \{x'(u)-y'(u)\}| \leq$$

$$\leq d\cdot|x(u)\cdot x'(u)| + d'\cdot|x'(u)\cdot x(u)| + d\cdot|x(u)|\cdot d'\cdot|x'(u)| =$$

$$= \{d+d'+d\cdot d'\}\cdot|x(u)\cdot x'(u)|.$$

Diese Ungleichung gilt wieder (d+d')-fast überall, also auch (d+d'+d·d')-fast überall.

Multipliziert man die beiden Funktionen einer Angleichung mit der gleichen Funktion f(u), so ändert sich offenbar an der Genauigkeit der Angeglichenheit der Funktionen nichts. Es gilt der folgende Satz:

Satz 3.2.5 - (Multiplikation mit Funktion): Sei $0 \leq d < 1$. Gilt:

$$(d:)\quad x(u) \;\rightarrow\; y(u),$$

und ist f(u) eine Funktion auf [0,t], so folgt:

$$(d:)\quad f(u)\cdot x(u) \;\to\; f(u)\cdot y(u).$$

Beweis - d-fast überall gilt:

$$|x(u)-y(u)| \leq d\cdot|x(u)|$$

woraus folgt:

$$|f(u)\cdot x(u) - f(u)\cdot y(u)| = |f(u)|\cdot|x(u)-y(u)| \leq$$

$$\leq |f(u)|\cdot d\cdot|x(u)| = d\cdot|f(u)\cdot x(u)|.$$

was zu zeigen war.

Man hätte diesen Satz auch aus dem Satz 3.2.4 herleiten können. Denn natürlich gilt mit 0-Genauigkeit:

$$(0:)\quad f(u) \;\to\; f(u)$$

und nach Satz 3.2.4 folgt dann (mit d'=0):

$$(d:)\quad f(u)\cdot x(u) \;\to\; f(u)\cdot y(u).$$

Da der Umgang mit 0-Genauigkeiten zumindest ungewohnt ist, wurde hier der direkte Beweis gegeben.

Man kann die Voraussetzungen des Satzes 3.2.2 noch etwas abschwächen, wie der folgende Satz zeigt:

Satz 3.2.6 - (Addition): Gelte für entsprechende Funktionen auf [0,t]:

$$(d:)\quad x(u) \;\to\; y(u) \quad \text{und} \quad (d':)\quad x'(u) \;\to\; y'(u).$$

Ist weiter für jedes (d+d')-wesentliche $u \in [0,t]$:

$$x(u)\cdot x'(u) \geq 0,$$

so folgt:

$$(d+d':)\quad x(u)+x'(u) \;\to\; y(u)+y'(u).$$

Beweis - Zu zeigen ist lediglich noch, dass der Satz 3.2.2 auch dann anwendbar ist, wenn x(u) und x'(u) beide negativ sind. Das kann aber mit Hilfe des Satzes 3.2.5 erreicht werden, indem man alle vier Funktionen mit -1 multipliziert, dann den Satz 3.2.2 anwendet, da dessen Voraussetzungen jetzt erfüllt sind, und dann die Summen wieder mit -1 multipliziert, so dass man das gewünschte Ergebnis erhält.

Bemerkung: Auch hier kann wieder gemäss der Bemerkung zum Satz 3.2.2 die Genauigkeit d+d' durch max(d,d') ersetzt werden, wenn die Ungleichung (3.2.2.1) max(d,d')-fast überall gilt.

Im folgenden Satz wird gezeigt, dass auch Aussagen über die Kehrwerte von Funktionen möglich sind.

Satz 3.2.7 - (Kehrwertbildung): Sei $0 \leq d < 1$. Gilt:

$$(d:) \quad x(u) \;\rightarrow\; y(u),$$

und haben weder x(u) noch y(u) für irgendein $u \in [0,t]$ den Wert Null, so folgt:

$$\left(\frac{d}{1-d}:\right) \quad \frac{1}{x(u)} \;\rightarrow\; \frac{1}{y(u)}.$$

Beweis - Da weder x(u) noch y(u) innerhalb der wesentlichen Intervalle den Wert 0 annehmen können, gilt d-fast überall:

$$\left|\frac{1}{x(u)} - \frac{1}{y(u)}\right| = \frac{|y(u)-x(u)|}{|x(u)|\cdot|y(u)|} \leq$$

$$\leq \frac{d\cdot|x(u)|}{|x(u)|\cdot|y(u)|} = \frac{d}{|y(u)|} \leq \frac{d}{1-d}\cdot\frac{1}{|x(u)|}.$$

Die letzte Ungleichung gilt nach Satz 3.1.5.1. Da $0 \leq d < 1$ ist, ist auch $\frac{d}{1-d} \geq d$, also gilt die Ungleichung auch $\left(\frac{d}{1-d}\right)$-fast überall auf $[0,t]$. Damit ist die Behauptung bewiesen.

Ein anderer Beweis hierzu folgt aus Satz 3.1.5.2 über die Umkehrung der Angleichung. Denn die dortige $\left(\frac{d}{1-d}\right)$-Angleichung kann durch $x(u)\cdot y(u)$ gekürzt werden, ohne dass sich gemäss Satz 3.2.5 die Genauigkeit verändert.

Satz 3.2.8 - (Division): Sei $0 \leq d < 1$ und $0 \leq d' < 1$. Gelte auf $[0,t]$:

$$(d:) \quad x(u) \;\rightarrow\; y(u) \quad \text{und} \quad (d':) \quad x'(u) \;\rightarrow\; y'(u).$$

Sei $x'(u) \neq 0$ und $y'(u) \neq 0$ für alle $u \in [0,t]$. Dann gilt:

$$\left(\frac{d+d'}{1-d'}:\right) \quad \frac{x(u)}{x'(u)} \;\rightarrow\; \frac{y(u)}{y'(u)}.$$

Beweis - Aus den Definitionen folgt:

$$|x(u)-y(u)| \leq d\cdot x(u) \quad \text{und} \quad |x'(u)-y'(u)| \leq d'\cdot|x'(u)|.$$

Nach Satz 3.1.5.1 gilt:

$$y(u) \leq (1+d)\cdot x(u)$$

und

$$(1-d')\cdot|x'(u)| \leq |y'(u)| \quad \Rightarrow \quad \frac{1}{|y'(u)|} \leq \frac{1}{1-d'}\cdot\frac{1}{|x'(u)|}.$$

Es folgt nach Multiplikation der letzten beiden Ungleichungen:

$$\frac{|y(u)|}{|y'(u)|} \leq \frac{1+d}{1-d'}\cdot\frac{|x(u)|}{|x'(u)|}.$$

Also erhalten wir:

$$\left|\frac{x(u)}{x'(u)} - \frac{y(u)}{y'(u)}\right| = \left|\frac{x(u)\cdot y'(u)-x'(u)\cdot y(u)}{x'(u)\cdot y'(u)}\right| =$$

$$= \left|\frac{\{x(u)-y(u)\}\cdot y'(u)-\{x'(u)-y'(u)\}\cdot y(u)}{x'(u)\cdot y'(u)}\right| \leq$$

$$\leq \left|\frac{x(u)-y(u)}{x'(u)}\right| + \left|\frac{x'(u)-y'(u)}{x'(u)}\right|\cdot\left|\frac{y(u)}{y'(u)}\right| \leq$$

$$\leq d\cdot\left|\frac{x(u)}{x'(u)}\right| + d'\cdot\left|\frac{y(u)}{y'(u)}\right| \leq$$

$$\leq \{d + d'\cdot\frac{1+d}{1-d'}\}\cdot\frac{|x(u)|}{|x'(u)|}.$$

Hieraus folgt dann die Behauptung, da: $d + d'\cdot\frac{1+d}{1-d'} = \frac{d+d'}{1-d'}$.

Ein anderer Weg, dieses Ergebnis herzuleiten, verwendet bereits bewiesene Formeln:

Aus dem Satz 3.2.7 über die Kehrwertbildung folgt:

$$(\frac{d'}{1-d'}:) \quad \frac{1}{x'(u)} \;\rightarrow\; \frac{1}{y'(u)}.$$

Aus dem Satz 3.2.4 über die Multiplikation von Funktionen folgt dann:

$$(d + \frac{d'}{1-d'} + \frac{d\cdot d'}{1-d'}:) \quad \frac{x(u)}{x'(u)} \;\rightarrow\; \frac{y(u)}{y'(u)}.$$

Da nun

$$d + \frac{d'}{1-d'} + \frac{d \cdot d'}{1-d'} = \frac{d+d'}{1-d'},$$

folgt die Behauptung.

Als nächstes soll untersucht werden, mit welcher Genauigkeit zwei Funktionen, die einer dritten mit d-Genauigkeit gleich sind, untereinander gleich sind. Wir zeigen dazu den folgenden Satz:

Satz 3.2.9 - (Substitution): Sei $0 \leq d < 1$ und $0 \leq d' < 1$. Gilt:

$$(d:) \quad x(u) \;\to\; y(u) \quad \text{und} \quad (d':) \quad y(u) \;\to\; z(u),$$

so folgt:

$$(d+d'+d \cdot d':) \quad x(u) \;\to\; z(u).$$

Beweis - Aus den Definitionen für die Angleichungen folgt unmittelbar durch Einsetzen:

$$|x(u)-z(u)| = |\{x(u)-y(u)\} + \{y(u)-z(u)\}| \leq$$

$$\leq |x(u)-y(u)| + |y(u)-z(u)| \leq d \cdot |x(u)| + d' \cdot |y(u)| \leq$$

$$\leq d \cdot |x(u)| + d' \cdot \{1+d\} \cdot |x(u)| =$$

$$= \{d+d'+d \cdot d'\} \cdot |x(u)|.$$

wobei die letzte Ungleichung nach Satz 3.1.5.1 gilt. Damit folgt die Behauptung.

Als nächstes soll eine Aussage über die Maxima bzw. Minima angeglichener Funktionen gemacht werden.

Satz 3.2.10 - (Maximum und Minimum): Sei $0 \leq d < 1$ und $0 \leq d' < 1$. Gelte:

$$(d:) \quad x(u) \;\to\; y(u) \quad \text{und} \quad (d':) \quad x'(u) \;\to\; y'(u).$$

Sei ausserdem:

$$D := \max\left(\frac{d}{1-d}, \frac{d'}{1-d'}, d+d'\right).$$

Dann gilt:

$$(D:) \quad \max(x(u),x'(u)) \;\to\; \max(y(u),y'(u))$$

und

$$(D:) \quad \min(x(u),x'(u)) \;\to\; \min(y(u),y'(u)).$$

Beweis - Offenbar braucht die Behauptung nur für das Maximum gezeigt zu werden. Für das Minimum folgt sie dann z.B. mit Hilfe des Satzes 3.2.5 über die Multiplikation mit einer Funktion (hier: -1).

Zur Vereinfachung der Notation sollen im folgenden die Argumente der Funktionen fortgelassen werden. Es soll also x statt x(u) geschrieben werden.

Für ein festes $u \in [0,t]$ stehen die Bilder der vier betrachteten Funktionen in Bezug auf ihre Grösse in einer Relation zueinander, z.B.:

$$x \leq x' \leq y \leq y'.$$

Die Zahl der Permutationen dieser Grössen beträgt 4! = 24, so dass eigentlich 24 verschiedene Fälle untersucht werden müssten. Da die Aussagen jedoch symmetrisch in x und x' bzw. y und y' bzw. d und d' sind, müssen wir nur 12 dieser 24 Fälle betrachten. Bei diesen werden wir uns auf drei exemplarische Beweise bechränken können.

Als erstes betrachten wir die folgenden 6 Fälle:

$$x' \leq x \leq y' \leq y \qquad x' \leq y' \leq x \leq y \qquad x' \leq y' \leq y \leq x$$
$$y' \leq x' \leq x \leq y \qquad y' \leq x' \leq y \leq x \qquad y' \leq y \leq x' \leq x$$

Wir können dann wie folgt schliessen:

$$|\max(x,x')-\max(y,y')| = |x-y| \leq$$
$$\leq d\cdot|x| = d\cdot|\max(x,x')|. \qquad (3.2.10.1)$$

Als nächstes betrachten wir die folgenden 3 Fälle:

$$y \leq y' \leq x' \leq x \qquad y \leq x' \leq y' \leq x \qquad x' \leq y \leq y' \leq x$$

Wir schliessen dann wie folgt:

$$|\max(x,x')-\max(y,y')| = |x-y'| \leq |x-y| \leq d\cdot|x| =$$
$$= d\cdot|\max(x,x')|. \qquad (3.2.10.2)$$

Als letztes betrachten wir die 3 Fälle:

$$x \leq x' \leq y' \leq y \qquad x \leq y' \leq x' \leq y \qquad y' \leq x \leq x' \leq y$$

Ist eine Grösse positiv, so ist zunächst auf jeden Fall auch y>0. Dann folgt nach Satz 3.1.4.1, dass auch x>0. Also ist auch x'>0, womit wieder nach dem Satz 3.1.4.1 folgt, dass y'>0. Genauso zeigt man, dass alle Grössen negativ bzw. 0 sind, wenn nur eine es ist. Also haben alle vier Grössen zugleich dasselbe Vorzeichen.

Seien zunächst alle Grössen positiv. Dann folgt:

$$|x'| \geq |x|.$$

Dann gilt aber auch:

$$|\max(x,x')-\max(y,y')| = |x'-y| \leq |x-y| \leq$$
$$\leq d\cdot|x| \leq d\cdot|x'| = d\cdot|\max(x,x')|. \qquad (3.2.10.3)$$

Sind jedoch alle Grössen negativ, so folgt:

$$|x'| \geq |y|.$$

Wir erhalten dann ebenso:

$$|\max(x,x')-\max(y,y')| = |x'-y| \leq |x-y| \leq d\cdot|x| \leq$$

$$\leq |y|\cdot\frac{d}{1-d} \leq |x'|\cdot\frac{d}{1-d} = |\max(x,x')|\cdot\frac{d}{1-d}, \qquad (3.2.10.4)$$

wobei die dritte Ungleichung nach Satz 3.1.5.1 gilt.

Diese Ungleichungen gelten alle d+d'-fast überall. Damit folgt aber die Behauptung.

Bemerkung: Gelten im letzten Satz alle Ungleichungen $\max(\frac{d}{1-d},\frac{d'}{1-d'})$-fast überall, so kann dort auch $D:=\max(\frac{d}{1-d},\frac{d'}{1-d'})$ gesetzt werden.

Das folgende Korollar betrachtet den häufigen Fall, dass alle untersuchten Funktionen nur nicht negative (oder nicht positive) Werte annehmen. Dann braucht nämlich der letzte Fall im Beweis zu dem letzten Satz nicht betrachtet zu werden und wir erhalten:

Korollar 3.2.11 - (Maximum und Minimum): Sei $0\leq d<1$ und $0\leq d'<1$. Sei

$$(d:) \quad x(u) \;\to\; y(u) \text{ und } (d':) \quad x'(u) \;\to\; y'(u).$$

und gelten die Ungleichungen (1), (2) und (3) des letzten Satzes max(d,d')-fast überall.

1. Nehmen alle Grössen nur nicht negative Werte an. Dann gilt:

$$(\max(d,d'):) \quad \max(x(u),x'(u)) \;\to\; \max(y(u),y'(u)).$$

2. Nehmen alle Grössen nur nicht positive Werte an. Dann gilt:

$$(\max(d,d'):) \quad \min(x(u),x'(u)) \;\to\; \min(y(u),y'(u)).$$

Bei einigen der in diesem Abschnitt untersuchten Operationen auf Zeitgrössen ist es sinnvoll, diese Operation auf mehr als zwei Operanden auszudehnen.

Für die Addition und das Maximum und Minimum ergeben sich dabei keine wesentlichen neuen Erkenntnisse, wohl aber für die Multiplikation und die Substitution, so dass diese hier näher untersucht werden sollen.

Satz 3.2.12 - (Mehrfache Multiplikation): Gelte für i:=1..n und $0 \leq d_i < 1$:

$$(d_i:) \quad x_i(u) \;\to\; y_i(u).$$

Sei weiter:

$$D := \{\prod_{i=1}^{n}(1+d_i)\} - 1 < 1, \qquad (3.2.12.1)$$

so folgt:

$$(D:) \quad \prod_{i=1}^{n} x_i(u) \;\to\; \prod_{i=1}^{n} y_i(u).$$

Beweis - Der Beweis erfolgt durch Induktion über die Anzahl n der Faktoren.

Für n=1 ist $D=d_1$. Für n=2 gilt die Behauptung nach Satz 3.2.4.

Gelte die Behauptung für n=k>2, so dass gilt:

$$(\prod_{i=1}^{k}(1+d_i) - 1:) \quad \prod_{i=1}^{k} x_i(u) \;\to\; \prod_{i=1}^{k} y_i(u).$$

Dann folgt die Behauptung für n=k+1 nach Satz 3.2.4, da:

$$\prod_{i=1}^{k}(1+d_i) - 1 + d_{k+1} + d_{k+1}\cdot\{\prod_{i=1}^{k}(1+d_i) - 1\} =$$

$$\{\prod_{i=1}^{k}(1+d_i)\}\cdot\{1+d_{k+1}\} - 1 = \prod_{i=1}^{k+1}(1+d_i) - 1.$$

Als zweites betrachten wir die Substitution.

Satz 3.2.13 - (Mehrfache Substitution): Gelte für i:=1..n und $0 \leq d_i < 1$:

$$(d_i:) \quad x_i(u) \;\to\; x_{i+1}(u).$$

Sei weiter:

$$D := \prod_{i=1}^{n}(1+d_i)\} - 1 < 1,$$

so folgt:

$$(D:)\quad x_1(u) \;\to\; x_{n+1}(u).$$

Beweis - Der Beweis erfolgt durch Induktion über die Zahl der Angleichungen n.

Für n=1 ist $D=d_1$, für n=2 folgt die Behauptung nach Satz 3.2.9.

Sei die Behauptung richtig für n=k>2, so folgt für n=k+1:

$$\left(\prod_{i=1}^{k}(1+d_i) -1:\right)\quad x_1(u) \;\to\; x_{k+1},$$

und

$$(d_{k+1}:)\quad x_{k+1} \;\to\; x_{k+2}.$$

Nach Satz 3.2.9 errechnet sich dann die behauptete Genauigkeit wie im Beweis zum letzten Satz.

Die letzten beiden Sätze haben Ähnlichkeit mit der Formel für die Zinseszinsrechnung. Wird ein Kapital im i-ten Jahr mit $d_i \cdot 100\%$ verzinst, so hat man nach dem n-ten Jahr gerade einen Zinsgewinn von $\{\prod_{i=1}^{n}(1+d_i) -1\}\cdot 100\%$.

So wie sich durch die Zinseszinsformel ein Kapital überproportional zur Zeit vergrössert, so verschlechtert sich auch die Genauigkeit überproportional, mit der nach Multiplikation bzw. Substitution fehlerbehafteter Grössen das Ergebnis gilt.

3.3 Ermittlung der d-Genauigkeit.

Im letzten Abschnitt wurde gezeigt, inwieweit sich die Genauigkeit von Funktionen ändert, wenn man mit diesen Funktionen Operationen durchführt. Dabei musste jeweils die Anfangsgenauigkeit der Angleichungen bekannt sein. Es wurde jedoch noch nicht untersucht, wie man diese Anfangsgenauigkeit tatsächlich ermitteln kann.

Betrachtet man ein reales System, so ist dieses offenbar ein Problem der Statistik. Das soll an dieser Stelle nicht untersucht werden.

Aber auch bei unseren gedachten Systemen treten grosse Schwierigkeiten auf, will man allgemein feststellen, ob sich zwei Funktionen x(u) und y(u) auf [0,t] höchstens mit d-Genauigkeit unterscheiden.

Schränken wir zunächst die Fragestellung ein. Oft interessiert ja gar nicht, ob die d-Genauigkeit überall auf [0,t] gilt, sondern sie soll mindestens in t gelten. Dieses gilt z.B. meistens für Mittelwertbildung. Wir definieren daher:

Definition 3.3.1 - Gilt am Ende des Zeitraums [0,t]:

$$|x(t)-y(t)| \leq d \cdot |x(t)|, \qquad (3.3.1.1)$$

so schreiben wir dafür:

$$(d:t) \quad x(t) \;\rightarrow\; y(t).$$

Diese Definition unterscheidet sich von der früheren, da dort d-fast überall auf [0,t] die Ungleichung (3.3.1.1) gelten musste.

Um ein Beispiel zu geben, betrachten wir die Gleichheit:

$$y(t) = x(t) + z(t),$$

wobei z(t) sehr klein sein soll im Vergleich zu x(t). Wir wollen zeigen, dass mit einer noch zu bestimmenden Genauigkeit d gilt:

$$(d:t) \quad x(t) \;\rightarrow\; y(t).$$

Wie gross ist d zu wählen? Gehen wir in die Definition, so finden wir:

$$|x(t)-y(t)| = |z(t)| \leq d \cdot |x(t)|,$$

oder nach d aufgelöst:

$$d \geq \frac{|z(t)|}{|x(t)|}.$$

Da d möglichst klein sein soll, wählen wir die Gleichheit. Es lässt sich somit bestimmen, mit welcher Genauigkeit x(t) mit y(t) im Punkte t übereinstimmt. Der folgende Satz fasst dieses Ergebnis noch einmal zusammen.

Satz 3.3.2 - Gelte:

$$x(t) = y(t) + z(t),$$

sei $x(t) \neq 0$ und sei:

$$0 \leq d := \frac{|z(t)|}{|x(t)|} < 1$$

so folgt:

$$(d:t) \quad x(t) \;\rightarrow\; y(t).$$

Die letzte Definition für die Abweichung zweier Grössen nur im Punkte t hat den weiteren Vorteil, dass sich manche der bereits hergeleiteten Sätze mit weniger scharfen Voraussetzungen beweisen lassen. Nach den Bemerkungen zu den Sätzen 3.2.2 und 3.2.6 über die Addition sowie nach der Bemerkung zum Satz 3.2.10 über das Maximum und Minimum von Funktionen, sowie nach Korollar 3.2.11, erhalten wir, da die entsprechenden Relationen im Punkte t gelten:

Satz 3.3.3 - Gelte für $0 \leq d < 1$ und $0 \leq d' < 1$:

$$(d:t) \quad x(t) \; -> \; y(t) \quad \text{und} \quad (d':t) \quad x'(t) \; -> \; y'(t).$$

1. Ist $x(t) \cdot x'(t) \geq 0$, so folgt:

$$(\max(d,d'):t) \quad x(t)+x'(t) \; -> \; y(t)+y'(t).$$

2. Sei $D := \max\left(\frac{d}{1-d}, \frac{d'}{1-d'}\right)$, so folgt:

$$(D:t) \quad \max(x(t),x'(t)) \; -> \; \max(y(t),y'(t))$$

und

$$(D:t) \quad \min(x(t),x'(t)) \; -> \; \min(y(t),y'(t)).$$

3. Sind $x(t) \geq 0$ und $x'(t) \geq 0$, so folgt:

$$(\max(d,d'):t) \quad \max(x(t),x'(t)) \; -> \; \max(y(t),y'(t)).$$

4. Sind $x(t) \leq 0$ und $x'(t) \leq 0$, so folgt:

$$(\max(d,d'):t) \quad \min(x(t),x'(t)) \; -> \; \min(y(t),y'(t)).$$

Für eine Menge von Funktionen definieren wir in Analogie zur Definition 3.7.1:

Definition 3.3.4 - Sei M eine Menge von Zeitgrössen auf $[0,t]$ und gelte für je zwei Funktionen $x,y \in M$ zum Zeitpunkt t:

$$(d:t) \quad x(t) \; -> \; y(t) \quad \text{und} \quad (d:t) \quad y(t) \; -> \; x(t),$$

so heissen die Zeitgrössen der Menge M im Zeitpunkt t einander symmetrisch d-angeglichen.

Zwar ist Definition 3.3.1 für die Genauigkeit für viele Zwecke ausreichend. Trotzdem bleibt grundsätzlich die Frage, wie die Genauigkeit auf ganz $[0,t]$ für Angleichungen zwischen beliebigen Funktionen bestimmt werden kann. Dabei soll das angegebene d minimal sein.

Dieses soll jetzt untersucht werden. Es ist also eine (optimale) Genauigkeit d so zu bestimmen ist, dass gilt:

$$(d:) \quad x(s) \; -> \; y(s),$$

falls $x(s)$ und $y(s)$, $s \in [0,t]$, bekannt sind (es scheint nicht einmal klar, dass ein solches d eindeutig bestimmbar ist).

Das folgende Verfahren, das aus dieser Funktion f das eindeutig bestimmte optimale d findet, wurde nach einer Idee von Herrn Jessen entwickelt.

Wir definieren dazu die folgende Funktion:

$$f(s) = \begin{cases} \dfrac{|x(s)-y(s)|}{|x(s)|}, & \text{falls } x(s)\neq 0, \\ 0, & \text{falls } x(s)=y(s)=0, \\ 1 & \text{sonst.} \end{cases}$$

(Diese Annahmen genügen, falls es ein d<1 gibt, für das die obige Angleichung gilt. Andernfalls führen die folgenden Überlegungen nicht zu einem Ergebnis.)

Wir geben noch die folgende Definition an:

Definition 3.3.5 - (Isotonie und Antitonie): Eine reelle Funktion f heisst isoton (antiton) auf $I \subseteq \mathbb{R}$, falls für alle $x,y \in I$ gilt:

$$x \leq y \Rightarrow f(x) \leq f(y) \quad (f(x) \geq f(y)).$$

Sei f isoton auf [0,t]. Sei für ein $u\in [0,t]$: $f(u)=1-u/t$. Dann ist auf dem Intervall [u,t] der Länge t-u wegen der Isotonie von f: $f(u)\leq f(s)$, $s\in [u,t]$. Setzt man jetzt $d=f(u)=1-u/t$, so ist auf einem Intervall der Länge

$$t-u = t\cdot\{1-u/t\} = t\cdot d$$

die Funktion f grösser oder gleich d. Wegen der Isotonie von f und der strikten Antitonie von 1-s/t ist der Schnittpunkt offenbar eindeutig bestimmt, falls f(0)<1. Hat f Unstetigkeitsstellen, so kann evtl. für kein $u\in [0,t]$ die Bedingung $f(u)=1-u/t$ gelten. Dann hat man für u die Sprungstelle einzusetzen, für die $f(u-\varepsilon)\leq 1-u/t\leq f(u+\varepsilon)$ für ein hinreichend kleines $\varepsilon>0$.

Ist f nicht isoton auf [0,t], so ist eine isotone Funktion h zu konstruieren, die für jedes feste $u\in [0,t]$ auf Intervallen gleicher Länge wie f grösser oder gleich der Zahl u ist. Formal muss gelten: Sei

$$I_{f,u}(s) = \begin{cases} 1, & \text{falls } f(s) \geq u, \\ 0 & \text{sonst,} \end{cases}$$

die Indikator-Funktion von f bezüglich $u\in [0,1]$. Sei

$$I_f(u) = \int_0^t I_{f,u}(s)\cdot ds,$$

so ist f gerade auf Intervallen der Länge $I_f(u)$ grösser oder gleich u. Dann muss formal für h gelten: $I_f(u) = I_h(u) \quad \forall u \in [0,1]$.

Um die folgende Argumentation mathematisch einfach zu halten, soll vorausgesetzt werden, dass f auf $[0,t]$ in jedem Punkt von mindestens einer Seite stetig ist. Weiterhin gebe es nur endlich viele Unstetigkeitstellen, endlich viele konstante Abschnitte und endlich viele relative Extrema der Funktion f auf $[0,t]$.

Um h aus f zu konstruieren, werde das Intervall $[0,t]$ in n Teilintervalle $[t_{i-1},t_i]$ unterteilt, wobei eine Intervallgrenze t_i gerade dort eingefügt wird, wo (siehe Bild 3.3.1):

1. $f(t_i)$ ein relatives Extremum hat, oder
2. $f(t_i)$ beginnt oder aufhört, konstant zu sein, oder
3. $f(t_i)$ eine Unstetigkeitsstelle hat.

Auf jedem dieser Intervall $[t_{i-1},t_i]$ werde jetzt eine Umkehrfunktion von f definiert, wobei die Bereiche zu beachten sind, an denen f unstetig oder konstant ist. Sei g_i die Umkehrfunktion des Intervalls $T_i := [t_{i-1},t_i]$, und sei $\varepsilon > 0$ eine hinreichend kleine reelle Zahl. Dann ist:

$$g_i(u) = \begin{cases} s, & \text{falls } f(s) = u \text{ und } f(s) \text{ nicht konstant ist auf } T_i, \\[1em] t_{i-1}, & \text{falls } f(t_{i-1}+\varepsilon) < f(t_i-\varepsilon) \text{ und } u \in [0, f(t_{i-1}+\varepsilon)) \\ & \text{oder } f(t_{i-1}+\varepsilon) > f(t_i-\varepsilon) \text{ und } u \in (f(t_{i-1}+\varepsilon),1] \\ & \text{oder } f(t_{i-1}+\varepsilon) = f(t_i-\varepsilon) \text{ und } u \in [0, f(t_{i-1}+\varepsilon)), \\[1em] t_i & \text{sonst.} \end{cases}$$

Dann gilt für jedes Intervall $[t_{i-1},t_i]$ (siehe Bild 3.3.2):
Ist f auf T_i konstant, so ist $f \leq u \quad \forall s \in (t_{i-1}, g_i(u))$.

Ist f auf T_i isoton, so ist $f \leq u \quad \forall s \in (t_{i-1}, g_i(u))$.
Ist f auf T_i antiton, so ist $f \leq u \quad \forall s \in (g_i(u), t_i)$.

Man sieht jetzt mit der obigen Definition von g_i, das für die Länge $l_i(u)$ jenes Teilintervalls in $[t_{i-1},t_i]$, für das $f(s) \leq u$ ist, gerade gilt: $l_i(u) := |g_i(u) - g_i(0)|$ (siehe Bild 3.3.2). Ausserdem sieht man, dass $|g_i - g_i(0)|$ in jedem Falle eine isotone Funktion ist, also ist $g(u) := \sum_{i=1}^{n} |g_i(u) - g_i(0)|$

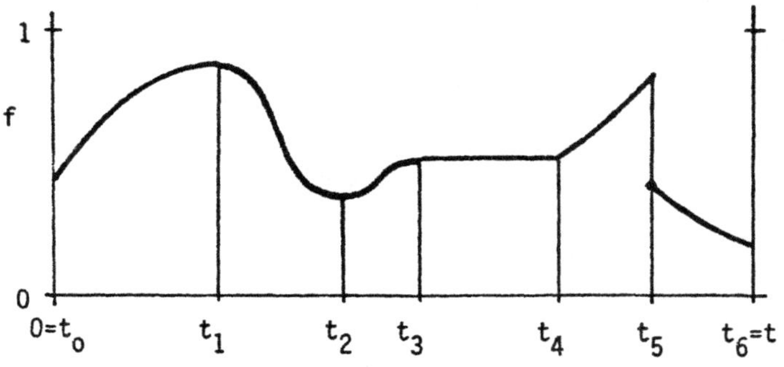

Bild 3.3.1

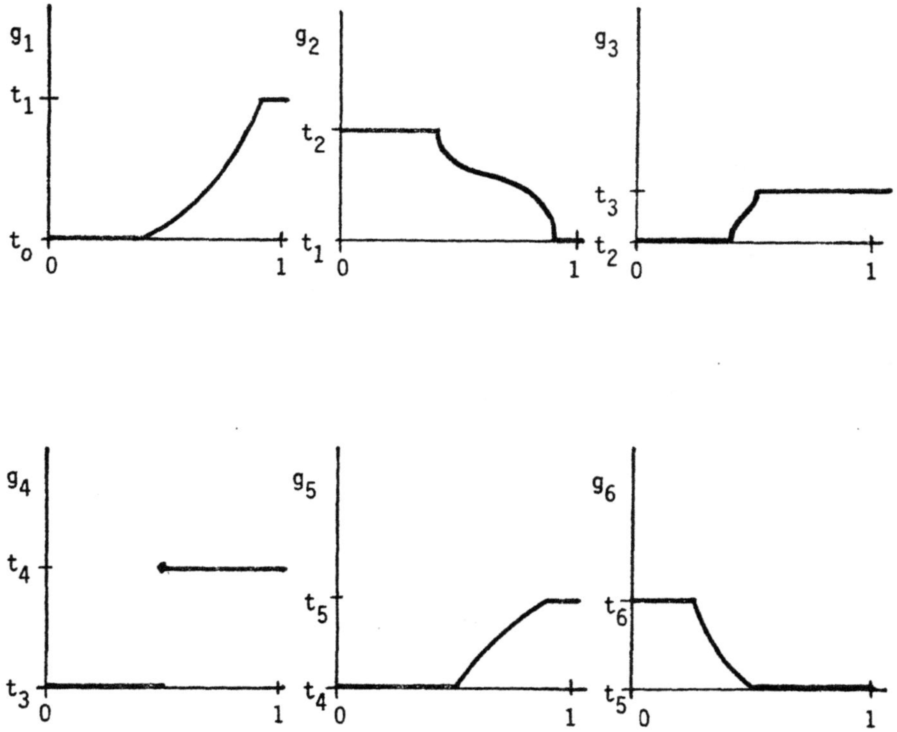

Bild 3.3.2

ebenfalls isoton, und es gilt für ganz [0,t], dass auf Intervallen der Länge $g_i(u)$ die Funktion $f(s)\leq u$. Zu g existiert wieder die Umkehrabbildung, und diese hat somit gerade die geforderte Eigenschaft der Funktion h.

Statt zu g die Umkehrfunktion zu suchen, ist es oft einfacher, die Gerade 1-s/t umzukehren zu t-t·u, und diese Gerade mit g zu schneiden. Die Lösung der Gleichung:

$$g(d) = t - t\cdot d$$

liefert dann gerade die gesuchte Grösse d.

Einige Beispiele sollen die Konstruktion der Umkehrfunktion zu f verdeutlichen.

Beispiel 3.3.6 - Sei f die Treppenfunktion des Bildes 3.3.3.a. In diesem Falle lässt sich h offenbar einfach durch Umsortieren der Rechtecke konstruieren (Bild 3.3.3.b), und die Gerade vom Punkte (0,1) zum Punkte (t,0) schneidet die Funktion h gerade für f(s)=d=0.6.

Beispiel 3.3.7 - Im Bild 3.3.4.a ist f ein gleichschenkliges Dreieck mit dem Scheitel im Punkte (t/2,0.6). Die Umkehrfunktion g_1 ist im Bild 3.3.4.b aufgezeichnet, g_2 im Bild 3.3.4.c. Während die Operation $|g_i(u)-g_i(0)|$ die Funktion g_1 unverändert lässt, ändert sich g_2 gemäss Bild 3.3.3.d, so dass wir für g die Funktion nach Bild 3.3.4.e erhalten. Offenbar brauchen wir zu g nicht mehr die Umkehrfunktion zu bilden, sondern schneiden diese Funktion mit der Umkehrfunktion zu 1-s/t, nämlich t-u·t, und erhalten wegen g(d)=d·t/0.6=t-d·t den Schnittpunkt:

$$d=3/8.$$

Beispiel 3.3.8 - $f(s)=0.5\cdot\sin(s\cdot\pi/t)$. Die Funktion ist in [0,t] offenbar die erste halbe Periode der Sinusfunktion, so dass das Maximum dieser Funktion bei $t_1=t/2$ liegt (siehe Bild 3.3.5). Dann werden:

$$g_1(u) = t/\pi \cdot \text{arc sin } (2\cdot u),$$

und

$$g_2(u) = t - t/\pi \cdot \text{arc sin } (2\cdot u).$$

Offenbar ist $|g_1(u)-g_1(0)|=g_1(u)$ und $|g_2(u)-g_2(0)|=g_1(u)$, und somit:

$$g(u) = 2\cdot t/\pi \cdot \text{arc sin } (2\cdot u),$$

also:

$$h(s) = 0.5 \cdot \sin (s\cdot\pi/\{2\cdot t\}) = 1-s/t,$$

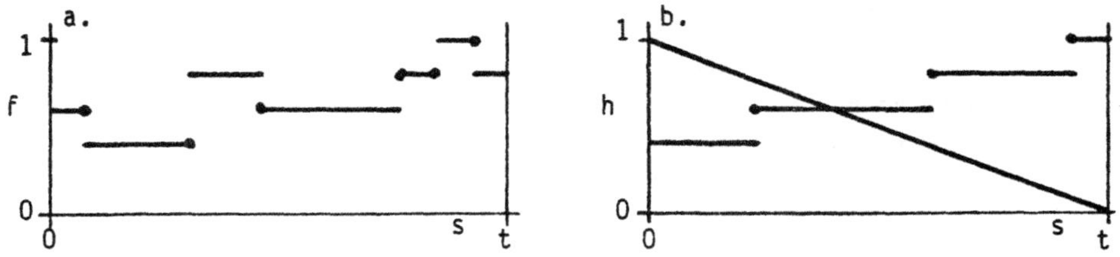

Bild 3.3.3

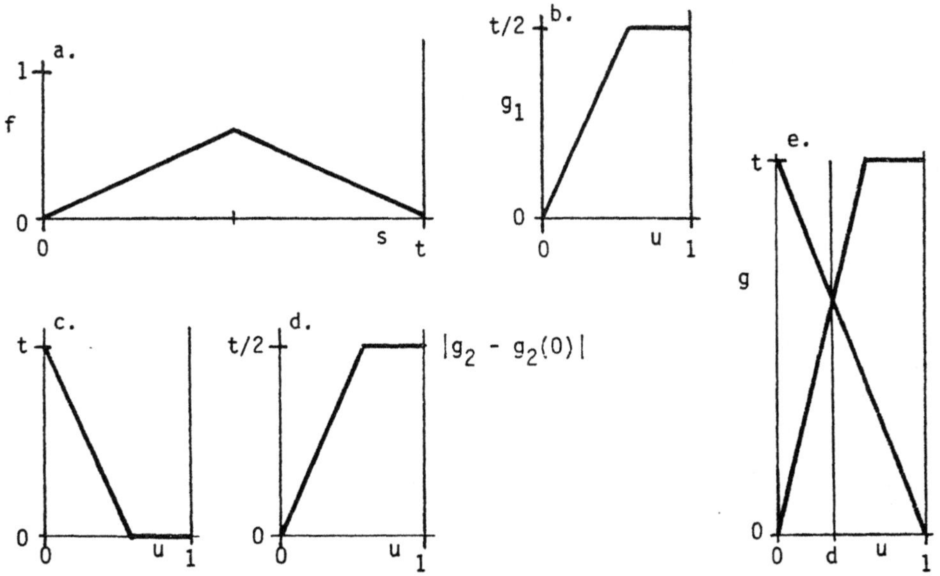

Bild 3.3.4

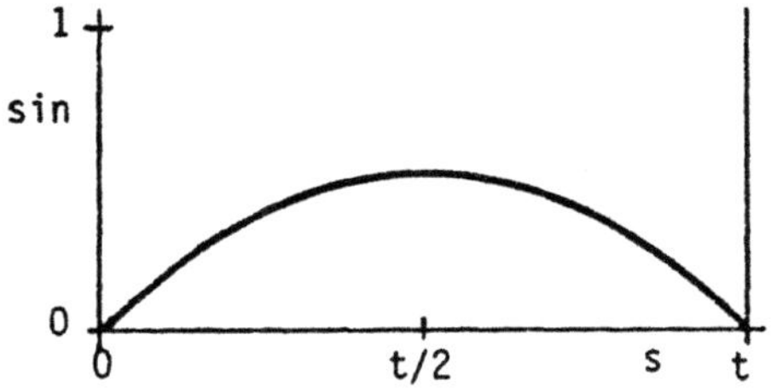

Bild 3.3.5

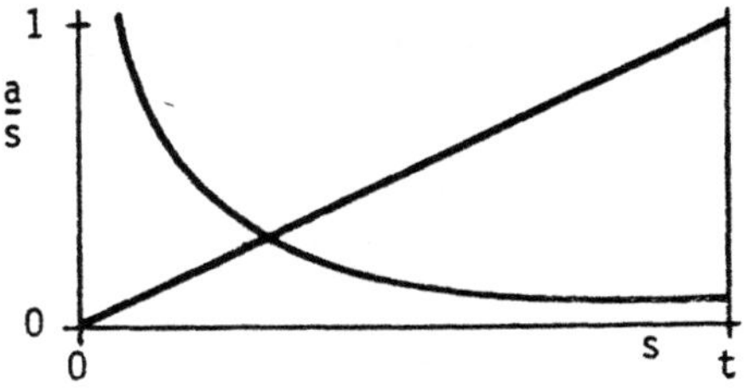

Bild 3.3.6

woraus folgt: $f(s) = d = 0.403$.

(Die Lösung der Gleichung $h(s)=1-s/t$ muss i.allg. numerisch durchgeführt werden. Da der Massstab t offenbar keinen Einfluss auf das Ergebnis hat, kann er beliebig z.B. auf t=1 gesetzt werden.)

Beispiel 3.3.9 - Als letztes soll noch eine etwas realistischere Funktion untersucht werden, nämlich $f(s)=\frac{a}{s}$, die den Fehler eines in ein Gleichgewicht einschwingenden Vorganges beschreibt. $a\in[0,1]$ sei dabei ein Skalierungsfaktor. Für s=0 muss nach Definition gesetzt werden f(0)=1. Offenbar muss hier nicht mit der Umkehrfunktion zu f gearbeitet werden, da f antiton ist. Es genügt, die Funktion f oder die Gerade $1-s/t$ an der Achse $s=t/2$ zu spiegeln. Dann erhalten wir: $a/s=s/t$, oder: $s = \sqrt{a\cdot t}$. Also folgt: $d = f(\sqrt{a\cdot t}) = a/\sqrt{a\cdot t} = \sqrt{a/t}$.

Allgemein ergibt sich der Algorithmus zur Bestimmung einer optimalen Genauigkeit d folgendermassen:

Algorithmus 3.3.10 - Sei f auf [0,t] gegeben, und gelte für f:

- In jedem Punkt ist f von mindestens einer Seite stetig.
- Die Zahl der Unstetigkeitsstellen, der konstanten Stücke und der Extrema von f auf [0,t] ist endlich.

Um die optimale Genauigkeit d zu bestimmen, verfahre man folgendermassen:

1. Teile [0,t] in n Intervalle ein, wobei eine Intervallgrenze t_i eingeführt wird, falls
   1.1 f ein relatives Extremum hat, oder
   1.2 f eine Unstetigkeitsstelle hat, oder
   1.3 f anfängt oder aufhört, konstant zu sein.
2. Bilde im Intervall $[t_{i-1},t_i]$ die Umkehrfunktion g_i zu f.
3. Bilde $g(u) := \sum_{i=1}^{n} |g_i(u)-g_i(0)|$.
4. Errechne d aus der Gleichung:

$$g(d) = t - t\cdot d.$$

Liegt d im Intervall [0,1), so ist das eindeutig bestimmbare optimale d gefunden.

Vereinfachungen dieses Verfahrens sind möglich, falls f monoton ist oder eine Treppenfunktion.

Die Voraussetzung, dass zwei Funktionen mit d-Genauigkeit angeglichen sind, die im folgenden immer wieder gemacht werden wird, soll die Klasse der für eine spezielle Fragestellung zulässigen Funktionen einschränken. Aufgrund der Sätze des letzten Abschnitts können dann aus Anfangsgenauigkeiten weitere Genauigkeiten errechnet werden. Dass die Anfangsgenauigkeiten prinzipiell nur bedingt bestimmbar sind, hat sein Analogon in der Wahrscheinlichkeitstheorie. Auch dort können lediglich dann Aussagen über Wahrscheinlichkeiten geschlossen werden, wenn Anfangswahrscheinlichkeiten bekannt sind. Die Bestimmung dieser Anfangswahrscheinlichkeiten ist jedoch keine Fragestellung der Stochastik (sondern vorwiegend der Statistik).

3.4 Unabhängigkeit, Repräsentativität und Homogenität.

Es soll hier in weiteren Definitionen angegeben werden, wie die Klasse der zulässigen Zeitgrössen für wichtige Fälle eingeschränkt werden kann. Die entsprechenden Begriffe werden in Analogie zu den Begriffen der Stochastik gebildet.

Sind zwei Zufallsvariablen X und Y in der Stochastik unabhängig, so gilt in einer dort üblichen Notation:

$$P(\{X=x\} | \{Y=y\}) = P(\{X=x\}).$$

In diesem Modell werden wir zwei Grössen als unabhängig bezeichnen, wenn die Werte der einen nicht von den Werten der anderen abhängen. Formal müssen Zählgrössen und Zeitgrössen unterschiedlich behandelt werden.

Für Zählgrössen definieren wir:

Definition 3.4.1 - Seien $\{x_i\}$ und $\{y_i\}$ Zählgrössen mit gleicher Indexmenge $\{1..c(t)\}$, $M_x(r)$ die Menge jener Indizes, für die gilt $x_i=r$, und $|M_x(r)|$ die Anzahl der Indizes in $M_x(r)$. Falls für alle $|M_x(r)|\neq 0$ und ein $k>0$ gilt:

$$(d:t) \quad \frac{1}{|M_x(r)|} \cdot \sum_{i \in M_x(r)} y_i^k \;\to\; \frac{1}{c} \cdot \sum_{i=1}^{c} y_i^k, \qquad (3.4.1.1)$$

dann sagen wir, dass $\{y_i\}$ in k-ter Ordnung d-unabhängig von $\{x_i\}$ ist.

Wir können jetzt den folgen Satz beweisen:

Satz 3.4.2 - Seien x_i und y_i Zählgrössen mit gleicher Indexmenge $\{1,..,c(t)\}$. Ist x_i in erster Ordnung d-unabhängig von y_i, so gilt:

$$(d:t) \quad \sum_{i=1}^{c} x_i(t)\cdot y_i(t) \;\rightarrow\; X(t) \cdot \sum_{i=1}^{c} y_i(t).$$

Beweis - Wir erweitern (3.4.1.1) mit $x_j=r$ und mit $|M_x(r)|$ und summieren über alle verschiedenen Werte von x_i:

$$(d:t) \quad \sum_{i=1}^{c} x_i\cdot y_i = \sum_{r} x_j \cdot \sum_{i\in M_x(r)} y_i \;\rightarrow$$

$$\rightarrow \; \frac{1}{c} \cdot \sum_{r} x_j \cdot |M_x(r)| \cdot \sum_{i=1}^{c} y_i =$$

$$= \frac{1}{c} \cdot \sum_{i=1}^{c} x_i \cdot \sum_{i=1}^{c} y_i. \quad (j\in M_x(r)).$$

Für Zeitgrössen nehmen wir zunächst an, dass x eine diskrete Funktion auf $[0,t]$ ist, die also nur endlich viele Werte annimmt. Dann können wir definieren:

Definition 3.4.3 - Sind x und y Zeitgrössen und ist x eine diskrete Funktion auf $[0,t]$, ist $l(r)$ die Länge all jener Intervalle, für die $x(s)=r$. Gelte für $l(r)\neq 0$:

$$(d:t) \quad \frac{1}{l(r)} \cdot \int_{\{x(s)=r\}} y(s)^k \cdot ds \;\rightarrow\; \frac{1}{t} \cdot \int_0^t y(s)^k \cdot ds, \qquad (3.4.3.1)$$

wobei auf der linken Seite nur über jene Intervalle integriert wird, für die $x(s)=r$. Dann nennen wir y in k-ter Ordnung d-unabhängig von x.

Wir können jetzt zeigen:

Satz 3.4.4 - Seien x und y Zeitgrössen, wobei x eine diskrete Funktion ist. Ist y in erster Ordnung d-unabhängig von x, so folgt:

$$(d:t) \quad \int_0^t x(s)\cdot y(s)\cdot ds \;\rightarrow\; X(t) \cdot \int_0^t y(s)\cdot ds.$$

Beweis - Aus (3.4.3.1) folgt:

$$(d:t) \quad \int_0^t x(s)\cdot y(s)\cdot ds = \sum_r \int_{\{x(s)=r\}} x(s)\cdot y(s)\cdot ds =$$

$$\sum_r \{r \cdot \int_{\{x(s)=r\}} y(s)\cdot ds\} \;\rightarrow$$

$$\rightarrow \sum_r \{r \cdot 1(r) \cdot \frac{1}{t} \cdot \int_0^t y(s)\cdot ds\} =$$

$$= \int_0^t x(s)\cdot ds \cdot \frac{1}{t} \cdot \int_0^t y(s)\cdot ds.$$

Falls x keine diskrete Funktion ist, muss Definition 3.4.3 geändert werden. Allerdings müsste dann eine unendliche Anzahl von Angleichungen 3.4.3.1 untersucht werden, was natürlich nicht möglich ist in einem endlichen Modell. Daher werden wir Definition 3.4.3 als Motivation für den Begriff Unabhängigkeit verwenden, während Satz (3.4.4) als Definition für Unabhängigkeit auch dann benutzt wird, wenn weder x noch y diskret ist.

Satz 3.4.2 ist zwar unsymmetrisch in $\{x_i\}$ und $\{y_i\}$, jedoch können wir mit der bekannten Definition des Mittelwerts von Zählgrössen schreiben:

$$X(s) \cdot \sum_{i=1}^{c(s)} y_i(s) = \frac{1}{c(s)} \cdot \sum_{i=1}^{c(s)} x_i(s) \cdot \sum_{i=1}^{c(s)} y_i(s) =$$

$$= Y(s) \cdot \sum_{i=1}^{c(s)} x_i(s). \qquad (3.4.4.1)$$

Im Satz 3.4.2 sind somit $x_i(s)$ und $y_i(s)$ durchaus gleichwertig.

Analog folgt für Zeitgrössen:

$$X(s) \cdot \int_0^s y(u)\cdot du = \frac{1}{s} \cdot \int_0^s x(u)\cdot du \cdot \int_0^s y(u)\cdot du =$$

$$= Y(s) \cdot \int_0^s x(u)\cdot du. \qquad (3.4.4.2)$$

Die nächste 'stochastische' Eigenschaft, die wir auf Zeitgrössen mit d-Genauigkeit übertragen wollen, soll die Repräsentativität sein. In der Statistik wird eine Teilmenge (Stichprobe) einer Grundgesamtheit oft als repräsentativ bezeichnet für die Grundgesamtheit, falls die Verteilungen der Merkmale beider Mengen (bis auf einen gewissen Fehler) gleich sind. (Wir benötigen hier nur die Mittelwerte der Merkmale.) Sei z.B. $T \subseteq [0,t]$ eine endliche Menge von Zeitpunkten aus [0,t]. Wird gerade zu allen Zeitpunkten $t_i \in T$ der Wert einer Zeitrgrösse x(u) des Systems gemessen, und ist das Mittel der gemessenen Grössen $x(t_i)$ dem Mittelwert X(t) der Zeitrgrösse d-angeglichen, so wollen wir sagen, dass die Menge der Zeitpunkte $\{t_i\}$, an denen die Grössen $x(t_i)$ gemessen werden, d-repräsentativ sei für die Zeitrgrösse auf [0,t]. Kennen wir daher eine solche repräsentative Menge T, so können wir die gemittelte Summe einer gemessenen Grösse auch durch deren Mittelwert ersetzen.

Wir wollen dieses für unser endliches Modell übernehmen und die folgende Definition einführen:

Definition 3.4.5 - (Repräsentativität): Sei x(s) eine Zeitgrösse, X(s) der Mittelwert dieser Zeitgrösse und

$$T = \{t_1, \ldots , t_n\}, \; t_i \in [0,t]$$

eine endliche Menge von Zeitpunkten aus [0,t].

Gilt dann:

$$(d{:}t) \quad \sum_{t_i \in T} x(t_i) \;\text{->}\; |T| \cdot X(t),$$

(wobei $|T|:=n$ für die Anzahl der Elemente von T steht), so soll T d-repräsentativ für x(s) auf [0,t] heissen.

Diese Definitionen (d-unabhängig und d-repräsentativ) werden wir vor allem benötigen, wenn wir in der Stochastik bekannte Beziehungen über entsprechende Prozesse in dem hier entwickelten endlichen Modell herleiten wollen.

Der Begriff der Homogenität existiert in dieser Form in der stochastischen Analyse nicht, wenngleich im vierten Kapitel gezeigt wird, dass sich aus der Homogenität meist genau solche Eigenschaften herleiten lassen, die in der Stochastik für Zugangsprozesse mit negativ-exponentieller Zwischenankunftszeitverteilung gelten (siehe 4.3).

Der Begriff der Homogenität wurde von Buzen und Denning in /Buzen78/ und /Denni80a/ eingeführt. Er besagt, dass gewisse Ereignisse, z.B. die Ankunft von Aufträgen, nicht von dem Zustand des Systems, z.B. der Zahl von Aufträgen im System, abhängen. Wir definieren für einen homogenen Zugangsprozess:

Definition 3.4.6 - Ein Zugangsprozess heisst d-homogen, falls:

$$(d:t) \quad C_i(t) := \frac{c_i(t)}{t(i)} \;\rightarrow\; \frac{c(t)}{t} = C(t), \; i=1..c(t)$$

(Dabei ist $t(i)$ die Zeit, während der $n(s)=i$, und $c_i(t)$ ist die Anzahl von Aufträgen, die ankommen, während $n(s)=i$. $C_i(t)$ ist die Rate von $c_i(t)$).

Aus dieser Eigenschaft folgt die Eigenschaft der Repräsentativität für die Anzahl von Aufträgen im System:

Satz 3.4.7 - Ist der Zugangsprozess d-homogen, dann ist die Menge der Zugangszeitpunkte d-repräsentativ für die mittlere Zahl von Aufträgen im System.

Beweis - Es gilt:

$$(d:t) \quad \frac{c_i(t)}{t(i)} \;\rightarrow\; \frac{c(t)}{t}, \; i=1..c(t)$$

oder

$$(d:t) \quad \frac{c_i(t)}{c(t)} \;\rightarrow\; \frac{t(i)}{t}, \; i=1..c(t)$$

Dann folgt:

$$(d:t) \quad \frac{1}{c(t)} \cdot \sum_{i=1}^{c(t)} n(t_i) = \frac{1}{c(t)} \cdot \sum_{i=1}^{\max n} i \cdot c_i(t) \;\rightarrow$$

$$\rightarrow \; \frac{1}{t} \cdot \sum_{i=1}^{\max n} i \cdot t(i) = \frac{1}{t} \cdot \int_0^t n(s) \cdot ds,$$

wobei t_i der Zugangszeitpunkt des i-ten Auftrags ist, und max n die maximale Anzahl von Aufträgen im System.

Dieser Satz gilt auch für die Anzahl der Aufträge in der Warteeinheit statt in dem gesamten System.

3.5 Angleichungsarithmetik.

Ähnlich wie beim Rechnen mit Gleichungen kann auch beim Rechnen mit Angleichungen eine Art Arithmetik erstellt werden. Sind z.B. x(s) und y(s) positive Zeitgrössen auf [0,t] und gilt:

$$(d:)\quad x(s) \rightarrow y(s),$$

so folgt für eine ebenfalls positive Zeitgrösse z(s):

$$(d:)\quad x(s) + z(s) \rightarrow y(s) + z(s).$$

Dies folgt aus dem Satz 3.2.2 über die Addition und da für jede Zeitgrösse z(s) gilt:

$$(0:)\quad z(s) \rightarrow z(s).$$

Wir wissen bereits aus dem Beispiel zum Satz 3.2.2, dass bei der Differenzbildung von Zeitgrössen bezüglich der Genauigkeit Probleme auftreten können. Daher wird die letzte Angleichung nicht gelten, wenn etwa z(s) negativ werden kann. Trotzdem lässt sich auch in solchen Fällen noch eine Aussage über die entstehende Genauigkeit machen. Es gilt der folgende Satz:

Satz 3.5.1 - Sei $0 \leq d < 1$ und gelte:

$$(d:t)\quad x(t) \rightarrow y(t),$$

und sei $x(t)+z(t) \neq 0$. Sei ausserdem:

$$D := \frac{d}{\left|1+\frac{z(t)}{x(t)}\right|} < 1,$$

Dann folgt:

$$(D:t)\quad x(t)+z(t) \rightarrow y(t)+z(t).$$

Beweis - Es gilt zum Zeitpunkt t:

$$|\{x(t)+z(t)\} - \{y(t)+z(t)\}| = |x(t) - y(t)| \leq$$

$$\leq d\cdot|x(t)| = \frac{d\cdot|x(t)|}{|x(t)+z(t)|} \cdot |x(t)+z(t)| =$$

$$= \frac{d}{|1+z(t)/x(t)|} \cdot |x(t)+z(t)|.$$

Somit folgt die Behauptung.

Im letzten Satz kann y(t)+z(t)=0 werden, und trotzdem gilt die D-Angleichung. Wir zeigen, dass dann $D \geq 1$ sein muss.

Sei $d \geq \frac{|x(t)-y(t)|}{|x(t)|}$. Dann folgt, da y(t)+z(t)=0 sein soll:

$$D = \frac{d \cdot |x(t)|}{|x(t)+z(t)|} \geq \frac{|x(t)-y(t)|}{|x(t)+z(t)|} = \frac{|x(t)-y(t)|}{|x(t)-y(t)|} = 1.$$

Daher widerspricht der letzte Satz nicht dem Ergebnis im Satz 3.1.4.1, dass entweder beide Seiten einer Angleichung den Wert 0 haben oder keine. Dieses konnte ja nur unter der Voraussetzung gezeigt werden, dass D<1.

Es kann somit bei einer solchen Arithmetik mit Angleichungen der Fall eintreten, dass die entstehende Genauigkeit auch von dem Verhältnis zweier der betrachteten Grössen abhängt. Das war bisher nicht der Fall, da die d-Genauigkeit gerade so definiert ist, dass der absolute Wert der betrachteten Grössen herausgekürzt wurde.

Bemerkenswert an dem letzten Satz ist noch, dass die entstehende Genauigkeit sogar besser wird, wenn x(t) und z(t) gleiches Vorzeichen haben. Das liegt daran, dass dann der Betrag |x(t)+z(t)| gegenüber |x(t)| grösser wird.

Mit dem letzten Satz kann jetzt die folgende arithmetische Operation für Funktionen in Angleichungen bewiesen werden.

Korollar 3.5.2 - Sei $0 \leq d < 1$ und gelte:

$$(d:t) \quad x(t) \;\rightarrow\; y(t) + z(t)$$

und sei:

$$x(t)-z(t) \neq 0.$$

Sei ausserdem:

$$D := \left|\frac{d}{1-z(t)/x(t)}\right| < 1,$$

so folgt:

$$(D:t) \quad x(t) - z(t) \;\rightarrow\; y(t).$$

Beweis - Wird zu beiden Seiten der Angleichung -z(t) addiert, so folgt die Behauptung nach Satz 3.5.1.

Aufgrund des Satzes 3.2.4 haben wir bei der Multiplikation (oder Division) nicht solche Probleme in unserer Angleichungsarithmetik.

Ausser dem einfachen Umstellen verschiedener Grössen kann auch der folgende Fall auftreten.

Satz 3.5.3 - Sei $0 \leq d < 1$ und gelte:

$$(d:t) \quad x(t) \; \to \; y(t) \cdot x(t) + z(t)$$

und sei $y(t) \neq 1$, so folgt:

$$\left(\frac{d}{|1-y(t)|}:t\right) \quad x(t) \; \to \; \frac{z(t)}{1-y(t)}.$$

Beweis - Aus den Voraussetzungen folgt:

$$|x(t) \cdot \{1-y(t)\} - z(t)| = |x(t) - \{y(t) \cdot x(t) + z(t)\}| \leq$$

$$\leq d \cdot |x(t)| = \frac{d}{|1-y(t)|} \cdot |x(t) \cdot \{1-y(t)\}| \quad \Rightarrow$$

$$\Rightarrow \quad \left(\frac{d}{|1-y(t)|}:t\right) \quad x(t) \cdot \{1-y(t)\} \; \to \; z(t).$$

Dann folgt aus dem Satz 3.2.4 über die Multiplikation mit Funktionen nach Erweitern mit $\frac{1}{1-y(t)}$ die gesuchte Beziehung.

3.6 Fehlerfortpflanzung.

Die hier entwickelte Angleichungsrechnung stellt eigentlich eine Fehlerfortpflanzungsrechnung dar: Sind Grössen nur mit einem maximalen Fehler bekannt, so soll aus diesen Eingangsfehlern die mögliche Abweichung eines Ergebnisses vom wirklichen Wert ermittelt werden, wenn mit diesen Eingangsgrössen mathematische Operationen durchgeführt werden. Wir wollen die Angleichungsrechnung hier mit der klassischen Fehlerrechnung vergleichen.

In der Technik werden Fehlerfortpflanzungsformeln benutzt, die auf Gauss zurückgehen /Brauc64/. Entsprechend ihrer Anwendung wird dort vorwiegend statistisch argumentiert. Da in dieser Arbeit der maximale relative Fehler interessiert, werden wir auf den mittleren absoluten Fehler oder den sog. maximalen Fehler nach /Brauc64/ oder /Barts72/ nicht eingehen, sondern den Fehler aus dem totalen Differential nach /Behnk66/ berechnen, und ihn im

Gegensatz zum maximalen relativen Fehler als absoluten Fehler 1. Ordnung bezeichnen.

Seien x und y die wahren Werte zweier Grössen und $x+\Delta x$ und $y+\Delta y$ die gemessenen Werte dieser Grössen. Ist f eine Funktion dieser Grössen, so ist:

$$\Delta f(x,y) = \frac{\partial f(x,y)}{\partial x} \cdot \Delta x + \frac{\partial f(x,y)}{\partial y} \cdot \Delta y \qquad (3.6.1)$$

($\frac{\partial f(x,y)}{\partial x}$ ist die erste partielle Ableitung von f an der Stelle (x,y) in x-Richtung) der absolute Fehler erster Ordnung für f an der Stelle (x,y). Die Rechtfertigung dieses Verfahrens ist die folgende:

Man muss voraussetzen, dass f differenzierbar ist im Punkte (x,y). Dann gibt $\frac{\partial f(x,y)}{\partial x}$ die Steigung von f in diesem Punkte in x-Richtung an und $\frac{\partial f(x,y)}{x}$ x den absoluten Wert des Fehlers von f(x,y) durch den Fehler von x. Entsprechendes gilt für y, so dass der gesamte absolute Fehler erster Ordnung nach den Eigenschaften des totalen Differentials die Summe dieser Fehler ist /Behnk66/.

Einige Beispiele sollen die Unterschiede zwischen dem Rechnen mit Angleichungen und mit der Fehlerformel 3.6.1 zeigen.

Beispiel 3.6.2 - (Multiplikation): Sei $f(x,y)=x\cdot y$, so wird der absolute Fehler nach Formel 3.6.1:

$$\Delta(x\cdot y) = \frac{\partial (x\cdot y)}{\partial x} \cdot \Delta x + \frac{\partial (x\cdot y)}{\partial y} \cdot \Delta y = y\cdot \Delta x + x\cdot \Delta y.$$

Für den relativen Fehler erhalten wir nach Kürzen durch $x\cdot y$:

$$\frac{\Delta(x\cdot y)}{x\cdot y} = \frac{\Delta x}{x} + \frac{\Delta y}{y}.$$

Der relative Fehler von x bzw. y ist $\left|\frac{\Delta x}{x}\right|$ bzw. $\left|\frac{\Delta y}{y}\right|$. Nach der Angleichungsrechnung folgt aus Satz 3.2.4 für den relativen maximalen Fehler von $x\cdot y$:

$$\left|\frac{\Delta(x\cdot y)}{x\cdot y}\right| = \left|\frac{\Delta x}{x}\right| + \left|\frac{\Delta y}{y}\right| + \left|\frac{\Delta x\cdot \Delta y}{x\cdot y}\right|.$$

Der maximale Fehler kann also grösser werden als der durch Formel 3.6.1 gefundene Fehler. Allerdings ist der Unterschied von 2. Ordnung gegenüber dem Fehler der Eingangsgrössen.

Beispiel 3.6.3 - (Addition): Sei f(x,y)=x+y, so wird der relative Fehler der Summe nach Formel 3.6.1:

$$\frac{\Delta(x+y)}{x+y} = \frac{\Delta x + \Delta y}{x+y}.$$

Nach Satz 3.2.6 können wir nur dann eine Aussage machen, wenn x und y beide das gleiche Vorzeichen haben. Dann gilt aber:

$$\left|\frac{\Delta(x+y)}{x+y}\right| = \max\left(\left|\frac{\Delta x}{x}\right|, \left|\frac{\Delta y}{y}\right|\right).$$

Sei ohne Einschränkung der Allgemeinheit: $\left|\frac{\Delta y}{y}\right| \leq \left|\frac{\Delta x}{x}\right|$. Setzen wir vorübergehend zur Abkürzung: $|x|=k\cdot|y|$, so folgt für die relativen Fehler, da x und y gleiches Vorzeichen haben:

$$\frac{|\Delta x+\Delta y|}{|x+y|} = \frac{|\Delta x+\Delta y|}{(k+1)\cdot|y|} = \frac{1}{k+1}\cdot\left(\frac{|\Delta x|}{|y|} + \frac{|\Delta y|}{|y|}\right) \leq$$

$$\leq \frac{1}{k+1}\cdot\left(\frac{|\Delta x|}{|y|} + \frac{|\Delta x|}{|x|}\right) =$$

$$= \frac{|\Delta x|}{k+1}\cdot\left(\frac{1}{|y|} + \frac{1}{k\cdot|y|}\right) =$$

$$= \frac{|\Delta x|}{|y|}\cdot\frac{1}{k+1}\cdot\left(\frac{k+1}{k}\right) = \frac{|\Delta x|}{|x|}.$$

Daher ist die Abschätzung für den Fehler nach Formel 3.6.1 niemals grösser als nach der Angleichungsrechnung.

Die Formel 3.6.1 liefert hier die schärfere Fehlerabschätzung (sie liefert sogar den maximalen Fehler). In diesem Fall muss also der Vorteil, mit dem relativen Fehler rechnen zu können, mit einer schlechteren Fehlerabschätzung bezahlt werden.

Beispiel 3.6.4 - (Division): Sei $f(x,y)=\frac{x}{y}$, $y \neq 0$. Wir erhalten für den relativen Fehler des Quotienten nach Formel 3.6.1:

$$\frac{\Delta(x/y)}{x/y} = \frac{1}{x/y} \cdot \left(\frac{\Delta x}{y} - \frac{x \cdot \Delta y}{y \cdot y}\right) = \frac{\Delta x}{x} - \frac{\Delta y}{y}.$$

Nach Satz 3.2.8 erhalten wir:

$$\frac{|\Delta(x/y)|}{|x/y|} = \frac{\frac{|\Delta x|}{|x|} + \frac{|\Delta y|}{|y|}}{1 - \frac{|\Delta y|}{|y|}} \geq \left|\frac{|\Delta x|}{|x|} - \frac{|\Delta y|}{|y|}\right|.$$

Hier liefert die maximale Abschätzung nach der Angleichungsrechnung wieder einen grösseren Wert für den Fehler als man nach Formel 3.6.1 erhält.

Der Vorteil der Fehlerabschätzung nach Formel 3.6.1 liegt also darin, dass für sehr viele Funktionen der Fehler leicht berechnet werden kann. Nachteilig ist, dass nicht immer der maximale Fehler gefunden wird, dass das Verfahren nur auf differenzierbare Funktionen anwendbar ist (z.B. nicht auf das Maximum) und dass nicht direkt mit dem absoluten Fehler gerechnet werden kann. Ausserdem ist die Angleichungsrechnung für Funktionen auf endlichen Intervallen definiert und nicht nur in einem Punkt, und es lässt sich eine praktikable Arithmetik für Angleichungen entwickeln.

Da diese Eigenschaften für die hier angestellten Untersuchungen benötigt werden, werden wir im folgenden nur mit den Angleichungen arbeiten und nicht weiter auf die Fehlerfortpflanzung nach Formel 3.6.1 eingehen.

3.7 Fehlerfortpflanzungsrechnung mit Angleichungen.

Es soll in diesem Abschnitt gezeigt werden, dass die Fehlerfortpflanzungsrechnung mit Angleichungen auch auf allgemeinere Funktionen ausgedehnt werden kann. Zusätzlich kann hier der Fehlerfortpflanzungsbegriff verallgemeinert werden auf den Begriff der k-Beschränktheit (siehe Definition 3.7.3), der eine allgemeine Untersuchung der Vergrösserung eines Fehlers durch Anwenden von Funktionen auf fehlerbehaftete Grössen erlaubt. Es wird dazu eine Reihe von Beispielen gegeben.

Im folgenden soll

$$(d:) \quad x \;\text{->}\; y$$

lediglich bedeuten, dass die Ungleichung $|x-y| \leq d \cdot |x|$ für festes x und y gilt. Analoges soll für das Bild einer Funktion f gelten, wobei x und y fest sind:

$$(d:) \quad f(x) \rightarrow f(y) \quad \Leftrightarrow \quad |f(x)-f(y)| \leq d \cdot |f(x)|.$$

Das Ziel der folgenden Untersuchungen ist es, die Menge $I \subseteq \mathbf{R}$ anzugeben, so dass für jedes $x, y \in I$ gilt:

$$(d:) \quad x \rightarrow y \quad \Rightarrow \quad (d:) \quad f(x) \rightarrow f(y). \qquad (3.7.1)$$

Offenbar folgt aus der Ungleichung

$$\frac{|f(x)-f(y)|}{|f(x)|} \leq \frac{|x-y|}{|x|} \qquad \forall\, x, y \in I \subseteq \mathbf{R},\ f(x) \neq 0,\ x \neq 0, \qquad (3.7.2)$$

die Implikation 3.7.1. Wir führen die folgende etwas allgemeinere Definition ein.

Definition 3.7.3 - Sei $f: I \rightarrow \mathbf{R}$ eine reelle Funktion auf $I \subseteq \mathbf{R}$. Gelte für alle d, $0 \leq d < 1$, und alle $x, y \in I$, $x \cdot y > 0$ und $|x-y| \leq d \cdot |x|$, die Ungleichung:

$$|f(x)-f(y)| \leq k \cdot |f(x)| \cdot \frac{|x-y|}{|x|}, \quad 0 < k \in \mathbf{R} \qquad (3.7.4)$$

so heisst f k-beschränkt auf I. Ist k=1, so heisst f auch einfach beschränkt auf I.

Der Faktor k gibt die Möglichkeit, die Genauigkeit zu verändern und dadurch auch den Gültigkeitsbereich der Beschränktheit einer Funktion zu verändern. Denn ist f k-beschränkt, so folgt:

$$(d:) \quad x \rightarrow y \quad \Rightarrow \quad (k \cdot d:) \quad f(x) \rightarrow f(y).$$

Ist jetzt k<1, so wird die Genauigkeit verbessert, i.allg. aber auch I verkleinert. Möchte man die Genauigkeit für einen grösseren Definitionsbereich I finden, so wird k>1 gewählt werden müssen, die Genauigkeit also schlechter. Beispiele werden dieses später deutlich machen.

Es soll im folgenden untersucht werden, welche Klasse von Funktionen auf welchen Bereichen I k-beschränkt ist. Als erstes soll über die Positivität der Funktion f eine Aussage gemacht werden.

Aus 3.7.4 und $\frac{|x-y|}{|x|} \leq d$ folgt: $|f(x)-f(y)| \leq k \cdot d \cdot |f(x)|$. Ist $k \cdot d < 1$, so folgt aus dem Satz 3.1.4, dass f(x) und f(y) entweder gleiches Vorzeichen haben oder beide 0 sind. Sei $k \cdot d \geq 1$. Ist x<y, und ist das Intervall $[x,y] \subseteq I$, so lässt sich das Intervall in entsprechend viele Abschnitte unterteilen:

$$x < x_1 < x_2 < \dots < x_n < y,$$

so dass $(d':)$ $x \to x_1$,

$(d':)$ $x_i \to x_{i+1}$, $i=1..n-1$,

$(d':)$ $x_n \to y$,

und dass $k \cdot d' < 1$. Durch Induktion sieht man, dass mit x auch x_i, und damit auch y positiv (negativ, 0) sein muss. Analoges gilt für $x > y$. Es folgt:

Satz 3.7.5 - Ist f eine k-beschränkte Funktion auf I, $k>0$, und ist $[x,y] \subseteq I$ und gilt $x \cdot y > 0$, so ist f(x) genau dann positiv (negativ, 0), falls f(y) dieses ist.

Genügt daher eine Funktion nicht dem letzten Satz, so kann sie auch nicht k-beschränkt sein. Daher kann z.B. sin x nicht auf ganz **R** k-beschränkt sein für irgendein $k>0$, da diese Funktion ihr Vorzeichen wechselt.

Betrachten wir jetzt zwei disjunkte Intervalle I_1 und I_2, die beide nur positive oder beide nur negative reelle Zahlen enthalten sollen. Sei ohne Einschränkung der Allgemeinheit $I_1 < I_2$, und sei $x=\sup(I_1)$, $y=\inf(I_2)$. Als relativen Abstand der beiden Intervalle bezeichnen wir dann die Zahl $\frac{|x-y|}{|x|}$.

Für ein fest vorgegebenes $k>0$ sei der Abstand der beiden Intervalle kleiner als $1/k$. Dann folgt:

$$(1/k-\varepsilon :) \quad x \to y \quad \Rightarrow \quad (1-k\cdot\varepsilon :) \quad f(x) \to f(y),$$

für ein hinreichend kleines $\varepsilon > 0$. Also haben f(x) und f(y) gleiches Vorzeichen bzw. sind beide gleichzeitig 0. Ist der relative Abstand der beiden Intervalle grösser oder gleich $1/k$, so kann so nicht mehr geschlossen werden. Es kann dann f k-beschränkt sein, ohne dass f(x) auf I_1 und I_2 das gleiche Vorzeichen haben muss.

Satz 3.7.6 - Sind I_1 und I_2 zwei disjunkte reelle Intervalle mit Zahlen gleichen Vorzeichens und ungleich 0, und haben I_1 und I_2 einen endlichen Abstand, der kleiner ist als $1/k$, und ist eine reelle Funktion f auf I_1 und I_2 definiert und k-beschränkt, so ist f(x) auf I_1 positiv (negativ, 0), genau dann, wenn f(x) auf I_2 dieses ist.

Bisher wurde der 0-Punkt stets ausgelassen im Definitionsbereich von f. Nun folgt nach Satz 3.1.4 aus x=0 und (d:) x -> y und d<1 auch y=0, und dann folgt natürlich auch f(x)=f(y)=f(0). Also ist f im 0-Punkt sicher k-beschränkt. Wird auch der 0-Punkt [0,0] zu dem Definitionsbereich I der Funktion f hinzugenommen, so kann aus dem Vorzeichen des Wertes f(0) nicht geschlossen werden auf das Vorzeichen von f(x) in einem anderen Punkt x der reellen Zahlengeraden. Daher ist es kein Widerspruch zu dem bisher Gesagten, wenn f(x) z.B. im 0-Punkt den Wert 0 hat, für x>0 aber positiv ist und für x<0 negativ ist. Z.B. kann sin x im Bereich $(-\pi,\pi)$ durchaus k-beschränkt sein, ohne dass dieses den bislang gemachten Vorzeichenbetrachtungen widerspricht.

Die nächsten Überlegungen zur Ermittlung der Klasse der k-beschränkten Funktionen sollen ein konstruktives Verfahren angeben, mit dem bei vorgegebenem k die Bereichsgrenzen für den Definitionsbereich I einer Funktion f angegeben werden können, damit f auf I k-beschränkt ist. Als erstes führen wir eine grundlegende Definition hierzu ein.

Definition 3.7.7 - Der Strahl von (0,0) über (x,f(x)) verlängert heisst der Fahrstrahl von f im Punkte x (siehe Bild 3.7.1). Als k-Fahrsegment von f im Punkte x wollen wir die Fläche der beiden folgenden Dreiecke bezeichnen:

Dreieck 1 mit den Eckpunkten $(0,f(x)\cdot\{1-k\})$, $(0,f(x)\cdot\{1+k\})$ und $(x,f(x))$.

Dreick 2 mit dem Scheitelpunkt (x,f(x)) und dem gleichen Scheitelwinkel wie Dreieck 1, aber nach rechts (bei x>0; ist x<0 nach links) halboffen (siehe Bild 3.7.2).

Wir kürzen jetzt die Ungleichung 3.7.4 durch $|x-y|$ und erhalten:

$$\frac{|f(x)-f(y)|}{|x-y|} \leq k \cdot \frac{|f(x)|}{|x|}.$$

Geometrisch bedeutet diese Ungleichung, dass die Steigung jeder Sekante durch (x,f(x)) und (y,f(y)) absolut nicht grösser als das k-fache der Steigung des Fahrstrahls von f(x) im Punkte x ist. Liegt daher f(x) vollständig im k-Fahrsegment von x, für jedes $x\in I$, so ist diese Bedingung erfüllt (siehe Bild 3.7.3). Daher soll dieses im folgenden als hinreichende Bedingung für die k-Beschränktheit einer Funktion f gewählt werden. Die folgenden Beispiele sollen dieses genauer zeigen.

Beispiel 3.7.8 - Sei f(x)=sin x und k=1. Man sieht, dass die Bedingung 3.7.2 erfüllt ist, da dass 1-Fahrsegment die Funktion sin umfasst (siehe Bild 3.7.4). Dieses gilt bis zu einem Punkt z, von dem ab die Funktion sin ausserhalb des Fahrsegments verläuft. Für den Punkt z muss gelten: Die Steigung der Geraden a muss absolut gleich sein der Steigung von sin im Punkte z. Die Steigung von a ist gleich der Steigung des Fahrstrahls, also

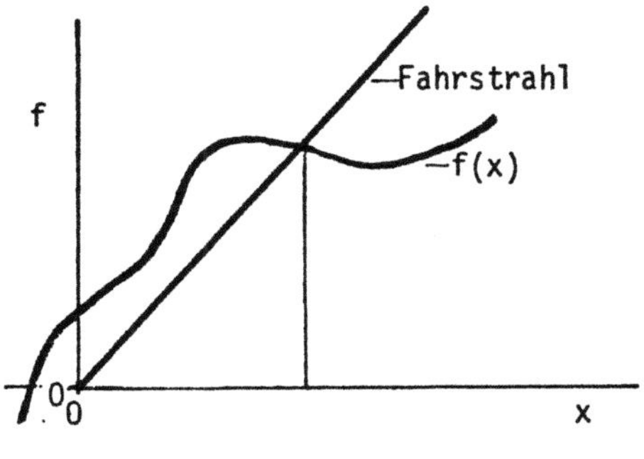

Bild 3.7.1

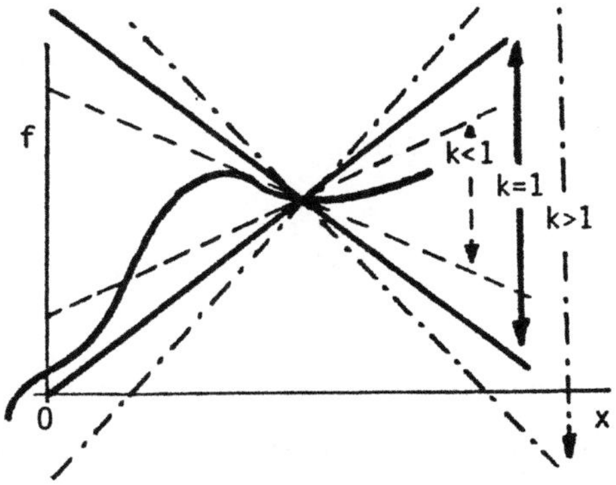

Bild 3.7.2

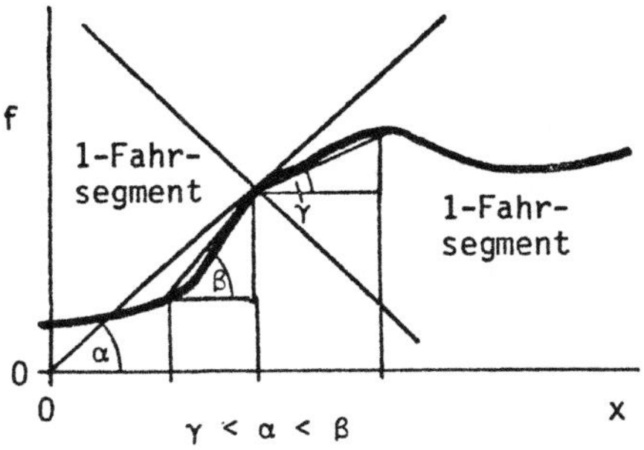

Bild 3.7.3

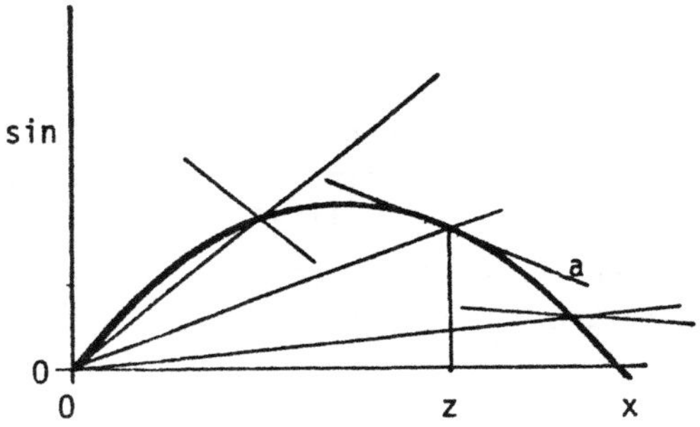

Bild 3.7.4

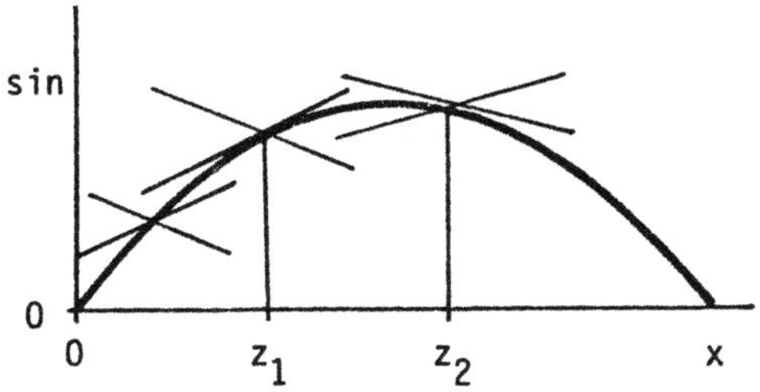

Bild 3.7.5

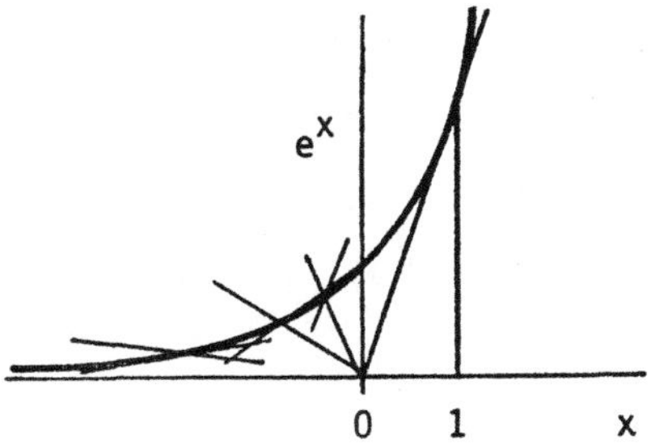

Bild 3.7.6

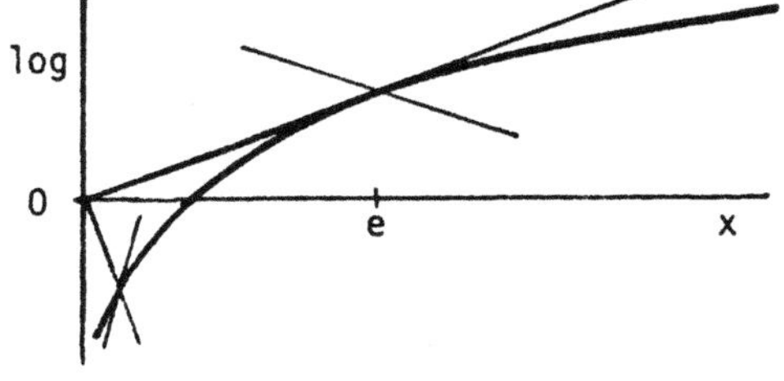

Bild 3.7.7

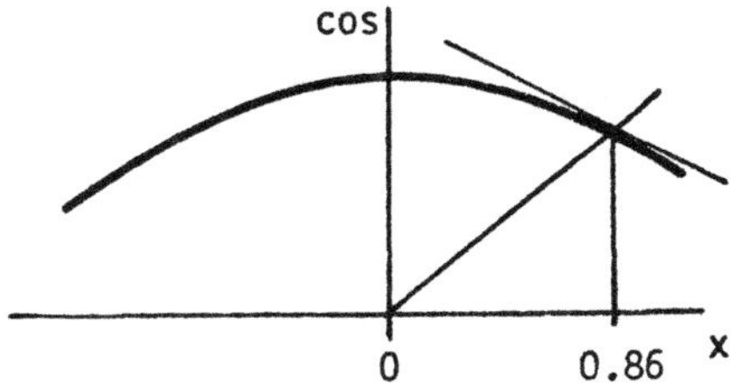

Bild 3.7.8

$\frac{\sin z}{z}$. Die absolute Steigung von sin in dem Punkte z ist $|\cos z| = -\cos z$ (da $\pi/2 < z < \pi$). Also folgt:

$$\frac{\sin z}{z} = -\cos z \quad \text{oder} \quad -\tan z = z.$$

Die Lösung dieser Fixpunktgleichung ist $z=2.02876$ ($\hat{=}116,239^{\circ}$).

Zahlenbeispiel: Sei $x=z>y=2.028$, also $y\in[-z,z]$. Es folgt:

$$\frac{|\sin x - \sin y|}{|x-y|} = 0.4418 < \frac{|\sin x|}{|x|} = 0.4421.$$

Sei $x=z<y=2.029$, so folgt:

$$\frac{|\sin x - \sin y|}{|x-y|} = 0.4422 > \frac{|\sin x|}{|x|} = 0.4421.$$

Wir untersuchen jetzt allgemeiner die k-Beschränktheit von sin. Die Forderung lautet dann:

$$k \cdot \frac{\sin z}{z} = -\cos z \quad \text{oder} \quad -k \cdot \tan z = z.$$

Aus $k=2$ folgt $z=2.2889$ ($\hat{=}131,146^{\circ}$).

Wird $k<1$, so wird die Funktion für kleine x nicht mehr k-beschränkt sein (siehe Bild 3.7.5). Ist etwa $k=1/2$, so folgt für $z_2=1.8366$ ($\hat{=}105.23^{\circ}$) und für $z_1=1.1656$ ($\hat{=}66.78^{\circ}$). Daher ist die Funktion sin nur im Bereich $I=[1.165, 1.8366]$ 1/2-beschränkt.

Beispiel 3.7.9 - Sei $f(x)=e^x$. Sei $x>0$. Setzen wir (siehe Bild 3.7.6):

$$\frac{|f(x)|}{|x|} = \frac{e^x}{x} = (e^x)' = e^x,$$ so folgt: $x=1$. Im Bereich $[0,1]$ ist e^x daher 1-beschränkt.

Für beliebiges $k>0$ muss gelten:

$$k \cdot \frac{f(x)}{x} = k \cdot \frac{e^x}{x} = (e^x)' = e^x,$$

woraus folgt: x=k.

Ist x<0, so schneidet bei fallendem x das Fahrsegment die Kurve e^x zum erstenmal im Punkt (0,1) wenn $e^x=1/2$, also x=-0.693, so dass im Bereich [-0.693,1] die Funktion e^x 1-beschränkt ist.

Die Steigung der Sekante $(0,1)-(x,e^x)$ ist für x<0 stets:

$$\frac{1-e^x}{-x} = k \cdot \frac{e^x}{-x} \quad => \quad k = e^{-x}-1.$$

Da x<0, wird dieser Ausdruck für kleine x sehr gross. Soll daher die Beschränktheit von e^x im Bereich [a,0] berechnet werden, so lässt sich $k=e^{-a}-1$ setzen. Ist z.B. a=-2, so folgt: $k=e^2-1=6.39$. Im Bereich [-2,0] ist daher e^x 6.39-beschränkt. Allgemein ist e^x im Bereich [x,0] gerade $(e^{-x}-1)$-beschränkt.

Umgekehrt folgt aus $k=e^{-a}-1$, dass a=-ln(k+1). Also ist im Bereich [-ln(k+1),0] e^x k-beschränkt.

Daher ist e^x im Bereich [-ln(k+1),k] k-beschränkt.

Beispiel 3.7.10 - Wir betrachten jetzt die Umkehrfunktion zu e^x, also f(x)=ln(x). Da $\frac{\ln(x)}{x}=(\ln(x))'=\frac{1}{x}$, folgt aus ln(x)=1, dass x=e. Für den Bereich [1,e] liegt ln(x) ausserhalb des Fahrsegments (Bild 3.7.7), während danach ln(x) stets in dem Fahrsegment verläuft. Also ist im Bereich [e,unendlich) ln 1-beschränkt.

Ist $\frac{1}{x}=k\cdot\frac{\ln(x)}{x}$, so ist ln(x)=1/k, oder $x=e^{1/k}$. Im Bereich $[e^{1/k}$,unendlich) ist ln somit k-beschränkt.

Ist 0<x<1, so ist ln(x) negativ. Wir setzen dann (siehe Bild 3.7.7):

$$- k \cdot \frac{\ln(x)}{x} = \frac{1}{x} \qquad \text{oder} \qquad x = e^{-1/k}$$

und erhalten somit, dass im Bereich $[0, e^{-1/k}]$ die Funktion ln k-beschränkt ist. Man sieht leicht, dass der Abstand der Intervalle $[0, e^{-1/k}]$ und $[e^{1/k}$, unendlich$]$ immer grösser ist als $1/k$.

Beispiel 3.7.11 - Sei $f(x)=\cos x$. Solange die Funktion nicht zu "steil" ist, ist sie ebenfalls 1-beschränkt. Es gilt (siehe Bild 3.7.8):

$$-(\cos z)' = \sin z = \frac{\cos z}{z} \quad \text{oder} \quad z = \frac{1}{\tan z}.$$

Dann folgt: $z=0.8603$ ($\hat{=}49{,}293^{\circ}$). Wegen der Symmetrie folgt dann, dass im Bereich $[-0.86, 0.86]$ cos 1-beschränkt ist.

Es soll hier eine allgemeine analytische Bedingung angegeben werden, unter der die Ungleichung 3.7.2 erfüllt ist. Dazu zeigen wir den folgenden Satz:

Satz 3.7.12 - Sei für eine Funktion f auf $I \subseteq Z$ und für alle $x, y \in I \subseteq \mathbb{R}$, $x \cdot y > 0$, die folgende Implikation richtig:

$$f(x) \leq f(y) \quad \Rightarrow \quad \frac{f(x)}{|x|} \geq \frac{f(y)}{|y|}, \qquad (3.7.12.1)$$

so folgt:

$$|f(x)-f(y)| \leq |f(x)| \cdot \frac{|x-y|}{|x|} \qquad \forall\, x, y \in I,\ x \cdot y > 0.$$

Beweis - Haben $f(x)$ und $f(y)$ verschiedene Vorzeichen, so gilt ohne Einschränkung der Allgemeinheit:

$$f(x) \leq 0 \leq f(y) \quad \Rightarrow \quad 0 \geq \frac{f(x)}{|x|} \geq \frac{f(y)}{|y|} \geq 0,$$

woraus folgt: $f(x)=f(y)=0$. Also haben $f(x)$ und $f(y)$ entweder gleiches Vorzeichen oder sie sind beide 0.

Der Beweis des Satzes wird durch Untersuchung aller möglichen Fälle gezeigt:

Ist $f(x)=f(y)=0$, so gilt die Implikation 3.7.12.1.

Sei $0 < f(x) \leq f(y)$ oder $f(y) \leq f(x) < 0$, so folgt:

$$\frac{f(y)}{f(x)} \leq \frac{|y|}{|x|}$$

und daraus:

$$0 \leq \frac{f(y)-f(x)}{f(x)} = \frac{f(y)}{f(x)} - 1 \leq \frac{|y|}{|x|} - 1 = \frac{|y|-|x|}{|x|} = \frac{|x-y|}{|x|},$$

da x und y gleiches Vorzeichen haben.

Sei $0 < f(y) \leq f(x)$ oder $f(x) \leq f(y) < 0$, so folgt:

$$-\frac{f(y)}{f(x)} \leq -\frac{|y|}{|x|}$$

und daraus:

$$0 \leq \frac{f(x)-f(y)}{f(x)} = 1 - \frac{f(y)}{f(x)} \leq 1 - \frac{|y|}{|x|} = \frac{|x-y|}{|x|}.$$

Also folgt die Behauptung, da in jeder dieser Ungleichungen der erste Bruch durch $\frac{|f(x)-f(y)|}{|f(x)|}$ ersetzt werden kann.

Aus diesem Satz folgt, dass f(x) stetig ist:

Satz 3.7.13 - Genügt eine Funktion der Bedingung 3.7.12.1, so ist sie stetig in allen Punkten $x \in I-\{0\}$.

Beweis - Aufgrund des letzten Satzes folgt aus der Voraussetzung, falls $x \neq 0$:

$$|f(x)-f(y)| \leq \frac{|f(x)|}{|x|} \cdot |x-y|.$$

Sei $x \in I-\{0\}$ eine beliebiger Punkt. Sei $f(x)=0$, so ist nach dieser Ungleichung auch $f(y)=0$ für alle $y \in I-\{0\}$, $y \cdot x > 0$.

Ist $f(x) \neq 0$, so setze man zu vorgegebenem $\varepsilon > 0$:

$$J := \{y \in I \mid x \cdot y > 0 \quad \text{und} \quad |y-x| < \frac{|x|}{|f(x)|} \cdot \varepsilon\}.$$

Dann ist J eine offene Umgebung zu x, und es gilt für jedes $y \in J$:

$$|f(y)-f(x)| \leq \frac{|f(x)|}{|x|} \cdot |x-y| < \varepsilon .$$

Also ist f(x) stetig in jedem Punkt $x \in I-\{0\}$.

Betrachten wir zunächst nur den ersten Quadranten, d.h. $x>0$ und $f(x)>0$. Sei $y<x$ und $f(y)>f(x)$, die Funktion falle also. Dann gilt natürlich: $\frac{f(x)}{|x|} < \frac{f(y)}{|y|}$, die Bedingung 3.7.12.1 ist also nicht erfüllt. Also darf die Funktion $f(x)$ im ersten Quadranten nicht fallen.

Liege der Fahrstrahl durch den Punkt $(z,f(z))$ oberhalb von $f(x)$, d.h. es gibt ein $y \in (0,z)$, so dass $\frac{f(z)}{|z|} \cdot y > f(y)$. Ist $f(z) \geq f(y)$, so folgt aus dieser Ungleichung, dass 3.7.12.1 nicht gilt. Ist $f(z)<f(y)$, so fällt die Funktion, also gilt 3.7.12.1 ebenfalls nicht. Also kann der Fahrstrahl durch den Punkt $(z,f(z))$ im Bereich $(0,z)$ niemals oberhalb von $f(x)$ liegen.

Ist die Funktion isoton und liegt der Fahrstrahl stets unterhalb der Funktion $f(x)$, so folgt für alle $f(y)<f(z)$, dass auch $y<z$, woraus wiederum folgt, dass $\frac{f(z)}{|z|} \cdot y < f(y)$, also die Bedingung 3.7.12.1.

Aus Symmetriegründen (bzw. analytisch genau wie eben) folgt auch für die anderen Quadranten der Satz:

Satz 3.7.14 - Eine Funktion f erfüllt genau dann die Bedingung 3.7.12.1, falls

1. f im 1. und 3. Quadranten isoton ist, im 2. und 4. Quadranten antiton ist,

und

2. Der Fahrstrahl durch jeden Punkt $(x,f(x))$ zwischen dem 0-Punkt und diesem Punkt x stets zwischen $f(x)$ und der Abszisse verläuft.

Es folgt z.B., dass die Quadratwurzel 1-beschränkt ist. Dieses gilt sogar für jede Potenz $f(x)=x^a$, wobei $0 \leq a \leq 1$.

Für den Sinus sieht man aus dem letzten Satz unmittelbar, dass er zumindest in dem Bereich $[-\pi/2,\pi/2]$ 1-beschränkt ist (wir wissen allerdings, dass dieses sogar in einem grösseren Bereich gilt).

Für die Cosinus-Funktion lässt sich jedoch nicht so schliessen. Für diese Funktion muss weiterhin die Methode des Fahrsegments angewendet werden.

3.8 Anwendungen der Angleichungen.

Im letzten Abschnitt wurde gezeigt, dass das Rechnen mit Angleichungen bei der allgemeinen Fehlerrechnung einige Vorteile hat. Die Angleichungsrechnung wurde eingeführt, um die in den nachfolgenden Kapiteln entwickelten Modelle für Wartesysteme bequemer untersuchen zu können. Dennoch lässt sich diese Begriffsbildung auch auf andere Anwendungen übertragen. Das soll in diesem Abschnitt für die Zahldarstellung in Digitalrechnern gezeigt werden. Gegenüber der Behandlung dieser Problematik in der Numerik (siehe etwa /Stett76/ oder /Stör76/) wird hier der maximale Fehler berechnet. Als vorteilhaft soll sich hier insbesondere die einfachere Notation erweisen.

- Zahldarstellung in Digitalrechnern.

In Computern mit digitaler Darstellung der Zahlen kann grundsätzlich nicht jede Zahl x aus einem Abschnitt der reellen Zahlengerade dargestellt werden, sondern nur eine endliche Teilmenge hiervon. Sei

$$[a,b] = Z \subseteq \mathbb{R}$$

ein endlicher Abschnitt der reellen Zahlengerade und sei $r(Z) \subseteq Z$ die Menge aller reellen Zahlen aus Z, die in einem Computer exakt dargestellt werden können. Jede andere Zahl $x \in Z$ wird dann durch eine Zahl $r(x) \in r(Z)$ angenähert, und wenn:

$$d := \frac{|x-r(x)|}{|x|}$$

gesetzt wird, dann können wir schreiben:

$$(d:) \quad x \to r(x).$$

Sei $Z_y := \{x \in Z \mid r(x)=y\}$ die Menge aller Zahlen, die in dem Computer durch y angenähert werden. Dann gibt es eine grösste Zahl:

$$d_y := \frac{\sup(|y-x|)}{|y|}, \; x \in Z_y, \; y \in r(Z).$$

(sup(X) soll die obere Grenze der Menge X sein.)

Wir erweitern den Definitionsbereich von d_y auf ganz Z, indem wir setzen:

$$d_x := d_{r(x)}, \; x \in Z.$$

Dann gibt d_x die Genauigkeit an, mit der Zahlen der Grössenordnung x in diesem Computer dargestellt werden können. Wir können also stets schreiben:

$$(d_x:) \quad x \to r(x), \; x \in Z. \qquad (3.8.1)$$

- Lineare und halblogarithmische Zahldarstellung.

Man unterscheidet in Digitalrechnern verschiedene Arten der Zahldarstellung. Zwei häufig verwendete sollen im folgenden untersucht werden.

Bei einer linearen Darstellung ist der Unterschied zwischen zwei aufeinanderfolgenden Zahlen aus r(Z) immer konstant. Wir werden diese Differenz mit e bezeichnen und Einheit nennen. (Werden reelle Zahlen durch ganze Zahlen angenähert, so ist die Einheit 1, wird eine Festpunkt-Darstellung verwendet, so ist die Einheit ein Bruchteil von 1, z.B. 1/100 bei zwei Dezimalstellen.)

Eine darzustellende Zahl x wird auf r(x) auf- oder abgerundet, und es gilt:

$$x \in [r(x)-e/2, r(x)+e/2).$$

('[' ist die untere abgeschlossene Grenze, ')' die obere offene Grenze des Intervalls.)

Für d_x erhalten wir:

$$d_x := \frac{\sup(|y-r(x)|)}{|x|} = \frac{e/2}{|x|}, \quad y \in [r(x)-e/2, r(x)+e/2),$$

so dass wir den folgenden Satz erhalten:

Satz 3.8.2 - Bei linearer Darstellung von Zahlen in Computern mit Einheit e gilt:

$$\left(\frac{e/2}{|x|}:\right) \quad x \to r(x).$$

Man sieht, dass für Zahlen x, deren Betrag von der Grössenordnung der Einheit e ist, der relative Fehler sehr gross werden kann. Allgemein ist d_x für den Betrag von x eine monoton nicht steigende Funktion, die erst für $|x| >> e/2$ ausreichend klein wird.

Bei der halblogarithmischen oder Gleitpunktdarstellung der Zahlen in Computern ändert sich die Einheit e. Ein Wort des Computers wird aufgeteilt in ein Vorzeichenbit, eine feste Stellenzahl für einen Exponenten und m Bits für die Mantisse der Zahl x mit dem Wert M_x. Die Mantisse der Zahl ist stets kleiner als 1. Sie heisst normalisiert wenn:

$$\frac{1}{2} \leq M_x < 1.$$

(Dieses gilt für Darstellungen der Mantissen mit der Basis 2, was heute sehr verbreitet ist. Bei einer anderen Basis b ist 1/2 durch 1/b zu ersetzen. Wir werden im folgenden stets von einer Dual-Darstellung der Mantissen ausgehen.)

Der Wert der Zahl x ergibt sich jetzt durch Multiplikation der Mantisse mit der Potenz 2^{Exponent}. Diese Potenz kürzt sich aber bei der Berechnung der Genauigkeit heraus, so dass die Genauigkeit nur von der Mantisse abhängt.

Die kleinste unterscheidbare Einheit der Mantisse ist 2^{-m}, so dass für die Genauigkeit gilt, falls $r(x) \geq 1/2$:

$$d := \frac{|\Delta x|}{r(x)} \leq \frac{2^{-m}/2}{1/2} = 2^{-m}.$$

Das ergibt den Satz:

Satz 3.8.3 - Bei Gleitpunktdarstellung von Zahlen in Rechnern mit m-stelliger Mantisse gilt für Zahlen x mit normalisierter Mantisse:

$$(2^{-m}:) \quad x \;->\; r(x).$$

Wird der Betrag der Mantisse grösser als 1/2, so wird auch die relative Genauigkeit entsprechend besser, jedoch kann die Genauigkeit nicht besser werden als 2^{-m-1}.

Kann die Mantisse nicht normalisiert werden (weil der Exponent bereits den kleinsten Wert hat), dann wird die Genauigkeit auch schlechter. Für Zahlen x mit nicht normalisierbarer Mantisse M_x gilt lediglich:

$$\left(\frac{2^{-m}}{2 \cdot |x|}:\right) \quad x \;->\; r(x). \qquad (3.8.4)$$

Hier gilt also wie bei der linearen Zahlendarstellung, dass Zahlen von der Grössenordnung der Einheit $e=2^{-m}$ nur mit geringer Genauigkeit darstellbar sind.

- Berechnung der Darstellungsgenauigkeit.

Wir haben gesehen, dass bei betragsmässig kleinem Wert von x (im Vergleich zur Einheit e) die Genauigkeit, mit der Zahlen in Rechnern dargestellt werden können, schlechter wird. Führt man mit solchen Zahlen Operationen durch, so stellt sich die Frage, wie weit die Ergebnisse, die im Rechner ermittelt und abgespeichert werden können, von den wahren Ergebnissen abweichen.

Soll mit zwei Zahlen eine Operation durchgeführt werden, so kann der Computer nur mit seinen Darstellungen dieser Zahlen rechnen. Das Ergebnis muss dann wieder auf eine vom Computer darstellbare Zahl 'hingerundet' werden. Es treten also zwei Fehler auf:

1. Es kann nur mit angenäherten Zahlen gerechnet werden.

2. Das Ergebnis muss auf eine darstellbare Zahl angenähert werden.

Der erste Fehler kann durch die Angleichungsmethode berechnet werden. Der zweite Fehler hängt von der Grössenordnung des Ergebnisses ab. Der hier entstehende Fehler wurde oben berechnet. Es soll untersucht werden, wie hieraus der gesamte Fehler berechnet werden kann.

Seien x und x' zwei reelle Zahlen mit Darstellungen im Rechner y und y'. Die Abweichung dieser Zahlen von den wahren Werten werde durch d und d' angegeben, so dass gilt:

$$(d:)\quad x \to y \quad \text{und} \quad (d':)\quad x' \to y'.$$

Die Operation, die mit diesen Zahlen durchzuführen ist, sei f. Es folgt dann mit einer durch die Funktion f bestimmten Genauigkeit $d_f(d,d')$, die abhängt von d und d':

$$(d_f(d,d'):)\quad f(x,x') \to f(y,y').$$

Das Ergebnis f(y,y') kann nur mit der Genauigkeit $d_{f(y,y')}$ abgespeichert werden, so dass gilt:

$$(d_{f(y,y')}:)\quad f(y,y') \to r(f(y,y')).$$

Also folgt für die Genauigkeit, mit der f(x,x') ermittelt wird, nach der Substitutionsregel:

Satz 3.8.5 - Seien x und x' zwei wahre Werte mit Darstellung im Rechner y und y', und gilt:

$$(d:)\quad x \to y \quad \text{und} \quad (d':)\quad x' \to y'.$$

Sei: $D := d_f(d,d') + d_{f(y,y')} + d_f(d,d')\cdot d_{f(y,y')} < 1$, so folgt:

$$(D:)\quad f(x,x') \to r(f(y,y')). \qquad (3.8.5.1)$$

Auf diese Weise lässt sich also mit den Grössen d und d' die Genauigkeit D berechnen, mit der das Ergebnis in diesem Rechner darstellbar ist.

Diese Genauigkeit hängt somit von der Genauigkeit der Ausgangswerte ab und von der Genauigkeit, mit der das Ergebnis darstellbar ist. Ist der Betrag des Ergebnises sehr klein (von der Grössenordnung der Einheit e) so kann auch bei genauen Anfangswerten die Genauigkeit des Ergebnises sehr schlecht werden. Dieses kann besonders dann zu ungenauen Resultaten führen, wenn solche schlechten Ergebnisse als Zwischenwerte einer längeren Berechnung auftreten.

4.0 Einfache Wartesysteme.

Wir wollen jetzt für einfache Wartesysteme untersuchen, welche Kenntnisse man über die Aufträge und das Verhalten des Systems haben muss, um Aussagen über das System herleiten zu können. Dazu werden zunächst einige Grössen eingeführt, die zum Teil schon aus Beispielen bekannt sind.

4.1 Auftragsgleichgewicht.

Sei im folgenden das untersuchte Zeitintervall stets $[0,t]$, sei $s \in [0,t]$ ein Punkt aus diesem Zeitraum. Dann können wir die Zahl der Aufträge, die bis zur Zeit s in das System eintraten definieren:

$$a(s): \text{Zugangszahl.}$$

Entsprechend wird die Zahl der Aufträge, die bis zur Zeit s erledigt wurden und das System verlassen haben, eingeführt als:

$$b(s): \text{Abgangszahl.}$$

Ist das System zu Anfang leer, so gilt natürlich stets:

$$a(s) \geq b(s).$$

Enthalte das System zum Zeitpunkt 0 jetzt a_0 Aufträge, so folgt:

$$a_0 + a(s) \geq b(s).$$

Wir führen daher die folgende Grösse ein:

$$c(s) := a_0 + a(s) \; : \text{Verweilzahl.}$$

die angibt, wie viele Aufträge im Zeitraum $[0,s]$ im System anwesend waren.

Aus diesen (Grund-)Grössen lässt sich eine dritte herleiten:

$$n(s) := c(s)-b(s) := a(s)+a_0-b(s) \; : \text{Füllung.}$$

Sie gibt die Zahl der Aufträge an, die zur Zeit s im System waren und wird auch als Füllung des Systems zur Zeit s bezeichnet.

Die Zahl der Aufträge, die im Mittel in der Zeiteinheit in das System eintraten, nennt man die Zugangsrate des Systems:

$$A(s) := a(s)/s: \text{ Zugangsrate.}$$

Die Zahl der Aufträge, die in der Zeiteinheit im Zeitraum [0,s] im System verweilten, werde analog als Verweilrate bezeichnet.

$$C(s) := c(s)/s: \text{ Verweilrate.}$$

Entsprechend dazu definieren wir die Zahl der Aufträge, die in der Zeiteinheit das System verliessen, als Abgangsrate:

$$B(s) := b(s)/s: \text{ Abgangsrate (Durchsatz).}$$

Statt Abgangsrate hat sich auch der Begriff Durchsatz eingebürgert, da er in anschaulicher Weise angibt, wieviel Aufträge in der Zeiteinheit durch das System durchgesetzt werden. Wir werden ihn wahlweise und gleichbedeutend mit der systematischen Bezeichnung Abgangsrate verwenden.

Ist die Zahl a_0 der Aufträge, die im Zeitpunkt 0 bereits im System waren, klein im Vergleich zu der Zahl a(s) von Aufträgen, die bis zum Zeitpunkt s in das System eintraten, so werden sich bei hinreichend langer Beobachtungszeit die Zugangszahl a(s) und die Verweilzahl c(s) relativ zu a(s) nur wenig unterscheiden. In unserem Formalismus können wir dafür auch schreiben:

$$(d:) \quad a(s) \ -> \ c(s)$$

für ein passendes d.

Dann werden sich aber auch die Verweilrate C(s) und die Ankunftsrate A(s) nicht wesentlich unterscheiden. Es gilt der folgende Satz:

Satz 4.1.1 - a(s), b(s) und c(s) sind genau dann einander symmetrisch d-angeglichen, wenn A(s), B(s) und C(s) einander symmetrisch d-angeglichen sind.

Beweis - Wegen $A(s)=\frac{a(s)}{s}$, $B(s)=\frac{b(s)}{s}$ und $C(s)=\frac{c(s)}{s}$ folgt die Behauptung aus Satz 3.2.5 nach Erweitern bzw. Kürzen mit s: Z.B. gilt für a(s) und b(s):

$$(d:) \ a(s) -> b(s) \quad <=> \quad (d:) \ A(s)=\frac{a(s)}{s} -> \frac{b(s)}{s}=B(s).$$ Entsprechend zeigt man die anderen Angleichungen.

In der Mehrzahl aller Fälle sind nur Systeme von Interesse, die nicht 'überlaufen'. Ist nämlich zur Zeit s die Ankunftsrate A(s)=a(s)/s um mindestens r grösser als die Abgangsrate B(s)=b(s)/s:

$$A(s) > r + B(s),$$

so gilt auch $a(s) > r \cdot s + b(s)$ oder:

$$n(s) > r \cdot s + a_0.$$

Dann wächst also die Füllung des Systems mindestens proportional zur Zeit s, das System wird bei hinreichend langer Zeit s also überfüllt.

Um dieses zu vermeiden, fordert man i.allg., dass Zugangszahl und Abgangszahl sich im wesentlichen nicht unterscheiden. In unserem Formalismus können wir schreiben:

$$(d:) \quad a(s) \to b(s)$$

für ein passendes d.

Aus dem letzten Satz folgt dann ebenso:

$$(d:) \quad A(s) \to B(s).$$

Nehmen wir jetzt an, dass wir wissen:

$$(d:) \quad a(s) \to c(s)$$

und

$$(d':) \quad a(s) \to b(s).$$

Dann folgt aus dem Satz 3.1.5.2:

$$\left(\frac{d}{1-d}:\right) \quad c(s) \to a(s)$$

und nach dem Satz 3.2.9 über die Substitution folgt:

$$\left(\frac{d+d'}{1-d}:\right) \quad c(s) \to b(s),$$

wie man sofort nachrechnet.

Ist also im Vergleich zu a(s) die Anfangsfüllung des Systems a_0 hinreichend klein und läuft das System nicht über, so folgt ebenfalls, dass mit beschränkter Genauigkeit die Verweilzahl und die Abgangszahl sich nicht stark unterscheiden. Wir wollen ein System, dass diese 3 Eigenschaften hat, folgendermassen bezeichnen:

Definition 4.1.2 - (Auftragsgleichgewicht): Gibt es zu einem System ein d, $0 \le d < 1$, so dass a, b und c einander symmetrisch d-angeglichen sind, so sagen wir, dass sich das System im d-Auftragsgleichgewicht befinde.

Wir wollen diese Definition auf ein System mit mehreren Untersystemen erweitern:

Definition 4.1.3 - Befindet sich jedes Untersystem eines Systems im d-Auftragsgleichgewicht, so sagen wir, dass sich das gesamte System im d-Auftragsgleichgewicht befinde.

Wir verlangen bei der letzten Definition also nicht nur, dass sich im gesamten Zeitraum [0,t] die Zugangszahl, die Abgangszahl und die Verweilzahl nicht wesentlich unterscheiden, sondern fordern, dass dieses d-fast überall auf [0,t] gilt. Damit muss dieses überall auf [0,t] gelten, ausser evtl. in Zeitintervallen mit einer maximalen Gesamtlänge, die kleiner ist als $d \cdot t$. Es wird somit in der Definition berücksichtigt, dass i.allg. in dem Anfangsstück des Zeitraums [0,t] die geforderte Beziehung nicht gilt.

Befindet sich ein System im d-Auftragsgleichgewicht, so folgt aus dem Satz 4.1.1 unmittelbar, dass auch A(s), B(s) und C(s) einander symmetrisch d-angeglichen sind.

Werde d durch

$$d := \max\left(\frac{a_0}{a(t)}, \frac{n(t)}{b(t)}\right),$$

festgelegt, so sind a, b und c einander symmetrisch d-angeglichen,

da $c(t)=a(t)+a_0=b(t)+n(t)$, und weil stets gilt:

$$\frac{a_0(t)}{c(t)} \leq \frac{a_0(t)}{a(t)}, \quad \frac{n(t)}{c(t)} \leq \frac{n(t)}{b(t)},$$

$$\frac{|a_0-n(t)|}{a(t)} \leq \frac{a_0}{a(t)}, \quad \frac{|a_0-n(t)|}{b(t)} \leq \frac{n(t)}{b(t)}.$$

Daher folgt, dass bereits nach relativ wenigen Aufträgen, die durch das System durchgesetzt sind, sich das System mit guter Genauigkeit im d-Auftragsgleichgewicht befindet. Dieses ist unabhängig davon, ob sich das System im Gleichgewicht im stochastischen Sinne befindet; d.h. auch wenn z.B. der Zugangsprozess sich noch ändert, bleibt das System mit guter Genauigkeit im Auftragsgleichgewicht. (Zu stochastisches Gleichgewicht siehe z.B. den Begriff equilibrium probability nach /Klein75/).

Die Verweilzahl c(s) und die Verweilrate C(s) werden üblicherweise bei der Analyse von Systemen nicht betrachtet, und der Begriff des Auftragsgleichgewichts zeigt, dass diese Grössen sich numerisch nur wenig von den jeweils anderen Grössen unterscheiden. Trotzdem werden wir sie hier weiter verwenden, da sie es gestatten, gewisse Formulierungen einfacher zu halten (siehe hierzu das Gesetz von Little in Abschitt 5.1).

4.2 Last- und Flussgleichgewicht.

Neben der Anzahl ankommender Aufträge interessiert auch deren Bedienzeitanforderung an das System, bzw. die Bedienzeit, die die Aufträge bereits durch das System erhalten haben, jeweils bezogen auf einen Zeitpunkt s. Wir führen dazu Zählgrössen ein.

Zunächst betrachten wir die Aufträge in der Reihenfolge, in der sie in das System eintraten. In dieser Reihenfolge numerieren wir sie durch:

$x_i(s)$: Bedienzeit des i-ten Auftrags, falls dieser bis zum Zeitpunkt s in dem System verweilte. Die zugehörige Indexmenge ist $\{1..c(s)\}$.

$y_i(s)$: Bedienzeit, die der i-te Auftrag von der Bedienstation bis zum Zeitpunkt s bekommen hat. Die zugehörige Indexmenge ist $\{1..c(s)\}$.

Ähnlich wie die in das System eintretenden Aufträge gezählt werden können, können auch die Aufträge, die das System verlassen, in dieser Reihenfolge durchnumeriert werden. Dabei wird i.allg. nicht verlangt werden können, dass deren Reihenfolge die gleiche ist wie die Reihenfolge, in der die Aufträge das System betreten haben. Der Index i bedeutet jetzt also: der Auftrag, der als i-ter das System in der Zeit $[0,t]$ verlassen hat.

Es interessiert hierbei, wieviel Bedienzeit dieser Auftrag von dem System erhalten hat.

$z_i(s)$: erhaltene Bedienzeit jenes Auftrags, der als i-ter das System verlassen hat. Die zugehörige Indexmenge ist $\{1..b(s)\}$.

Es gilt für jeden Auftrag, der als i-ter das System betritt und es als j-ter wieder verlässt:

$$x_i(s) \geq y_i(s) \geq z_j(s).$$

Die Durchnumerierung geschieht natürlich nur während der Beobachtungszeit, also in dem Zeitraum $[0,t]$.

Hieraus lassen sich jetzt weitere abgeleitete Grössen definieren. Wir werden dazu statt von Bedienzeit von Arbeit sprechen, da sich dann später der Begriff der Leistung kanonisch ergibt.

Die folgenden Kumulationsgrössen summieren die Bedienzeiten auf:

$$x(s) := \sum_{i=1}^{c(s)} x_i(s)$$: Arbeitsanforderung an das System bis zum Zeitpunkt s oder angebotene Arbeit.

$$y(s) := \sum_{i=1}^{c(s)} y_i(s)\text{:}$$ Arbeit, die die Aufträge bis zum Zeitpunkt s erhalten haben oder erbrachte Arbeit.

$$z(s) := \sum_{i=1}^{b(s)} z_i(s)\text{:}$$ in [0,s] erhaltene Arbeit jener Aufträge, die das System zur Zeit s verlassen haben oder fertiggestellte Arbeit.

Es gilt analog wie oben für jedes System:

$$x(s) \geq y(s) \geq z(s).$$

Eine wichtige Grösse ist jene, die angibt, wieviel Bedienzeit in der Zeiteinheit angeboten wird. Sie wird als angebotene Leistung bezeichnet und auf folgende Weise definiert:

$$\rho(s) := \frac{x(s)}{s}\text{: angebotene Leistung}$$

In Analogie dazu kann man die Bedienzeit pro Zeiteinheit angeben, die das System tatsächlich geleistet hat:

$$\varepsilon(s) := \frac{y(s)}{s}\text{: erbrachte Leistung}$$

$$\gamma(s) := \frac{z(s)}{s}\text{: fertiggestellte Leistung}$$

Natürlich kann man die Gesamtbedienzeiten auch zu der Zahl der Aufträge in Beziehung setzen. Sie wird als mittlere Bedienzeit (pro Auftrag) bezeichnet und folgendermassen definiert:

$$X(s) := \frac{x(s)}{c(s)}\text{:}$$ mittlere angebotene Bedienzeit pro Auftrag, der im System verweilte.

$$Y(s) := \frac{y(s)}{c(s)}\text{:}$$ mittlere erbrachte Bedienzeit pro Auftrag, der im System verweilte.

$$Z(s) := \frac{z(s)}{b(s)}\text{:}$$ mittlere erbrachte Bedienzeit pro fertiggestelltem Auftrag.

Es gelten dann die folgenden Zusammenhänge:

Satz 4.2.1 - In jedem System gilt:

$$\rho(s) = C(s)\cdot X(s).$$

$$\varepsilon(s) = C(s)\cdot Y(s).$$

$$\gamma(s) = B(s)\cdot Z(s).$$

Beweis - Durch Einsetzen der Definition folgt z.B. für die erste Gleichung:

$$\rho(s) = \frac{x(s)}{s} = \frac{c(s)}{s} \cdot \frac{x(s)}{c(s)} = C(s) \cdot X(s).$$

Diese Gleichungen gelten wieder ohne Einschränkungen für jedes System.

Fassen wir y(s) als die Zeit auf, in der der Bediener in dem Zeitraum [0,t] arbeitete, so gilt offenbar stets:

$$0 \leq y(s) \leq s$$

und ausserdem

$$0 \leq \varepsilon(s) \leq 1.$$

Dann wird $\varepsilon(s)$ auch als Auslastung des Systems bezeichnet. Entsprechend könnte man $\rho(s)$ als angebotene Auslastung des Systems bezeichnen.

Bei einem 1-Bedienersystem fallen somit die Begriffe Auslastung und (erbrachte) Leistung zusammen. Bei einem Mehr-Bedienersystem kann jedoch die geleistete Bedienzeit aufgrund der Parallelarbeit grösser sein als die verstrichene Zeit s. Da Auslastungen aber sinnvollerweise nicht grösser als 100% werden können, ist die letzte Definition nicht mehr vernünftig für Mehr-Bedienersysteme.

Führen wir jedoch die Leistungszahl r ein, die angibt, wieviel mal mehr Bedienzeit geleistet werden kann als Zeit verstreicht, so ist $s\cdot r$ die maximale Bedienzeit, die das System in der Zeit [0,s] leisten kann. Die Leistungszahl r stimmt oft mit der Zahl der (gleichartigen) Bediener überein. Es folgt:

$$0 \leq y(s) \leq r\cdot s,$$

und damit:

$$0 \leq \frac{y(s)}{r\cdot s} \leq 1.$$

Die Grösse

$$\varepsilon_r(s) := \frac{y(s)}{r\cdot s}\text{: Auslastung.}$$

wird dann als Auslastung für ein System mit Leistungszahl r eingeführt.

Zwischen der Auslastung $\varepsilon_r(s)$ und dem Verhältnis zwischen der erbrachten Bedienzeit und der verstrichenen Zeit $\varepsilon(s) := \frac{y(s)}{s}$ besteht dann der folgende Zusammenhang:

Satz 4.2.2 - In jedem System gilt:

$$\varepsilon(s) = \varepsilon_r(s) \cdot r.$$

Als nächstes soll der Begriff des Lastgleichgewichts definiert werden. Ähnlich dem Auftragsgleichgewicht, bei dem die Zugangs- und Abgangszahlen ungefähr gleich gross sein sollten, Aufträge also nicht im System verloren gehen, gilt für das Lastgleichgewicht, dass angebotene Arbeit nicht im System stecken bleibt. Haben alle Aufträge ungefähr die gleiche Bedienzeit, so folgt offenbar aus dem Auftragsgleichgewicht auch das Lastgleichgewicht. Da dieses aber nicht vorausgesetzt werden soll, muss ausdrücklich verlangt werden, dass sich angebotene und geleistete Bedienzeit nicht wesentlich unterscheiden.

Ebenso darf es nicht geschehen, dass zwar das System entsprechend viel Arbeit leistet, trotzdem aber nur wenige Aufträge fertiggestellt werden und das System verlassen. Daher soll sich auch die aus dem System herauskommende Arbeit in Form fertiggestellter Aufträge bei langer Beobachtungszeit nicht wesentlich von der vom System erbrachten Arbeit unterscheiden. In Analogie zur Definition 4.1.2 geben wir daher die folgende Definition:

Definition 4.2.3 - Gibt es ein $d<1$, und sind die Funktionen $x(s)$, $y(s)$ und $z(s)$ einander symmetrisch d-angeglichen, so sagen wir, dass sich das System im d-Lastgleichgewicht befinde.

Sind ausserdem $\sum_{i=1}^{c(t)} x_i^k(t)$, $\sum_{i=1}^{c(t)} y_i^k(t)$ und $\sum_{i=1}^{b(t)} z_i^k(t)$ einander symmetrisch d-angeglichen, so sagen wir, dass sich das System im d-Lastgleichgewicht k-ter Ordnung befinde.

Hier gilt, dass mit $d = \frac{x(t)-z(t)}{z(t)}$ die Zeitgrössen x, y und z einander symmetrisch d-angeglichen sind. Dieses ist wieder unabhängig davon, ob sich das das System im stochastischen Gleichgewicht befindet. Ist das System nicht überlastet, so wird die Differenz $x(t)-z(t)$ gegenüber $z(t)$ i.allg. sehr schnell sehr klein, d.h. das System befindet sich dann mit entsprechender Genauigkeit im Lastgleichgewicht.

Nach der letzten Definition ist ein System genau dann im d-Lastgleichgewicht, wenn es sich im d-Lastgleichgewicht 1-ter Ordnung befindet. Die Ergänzung in der letzten Definition über die Lastgleichgewichte k-ter Ordnung ist eine Vorsorge gegen solche Fälle, in denen gerade die zum Zeitpunkt t noch im System verweilenden Aufträge besonders lange restliche Bedienzeiten haben, die beim Potenzieren über das durch d vorgegebene Mass hinausgehen. Sie wurde eingeführt, da solche d-Angleichungen später zu formalen Schlüssen benötigt werden, aber nicht aus dem Früheren herleitbar sind.

Nehmen wir jetzt an, dass das System im d-Lastgleichgewicht ist. Dann folgt, dass d-fast überall gilt:

$$(d:)\quad \varrho(s) = \frac{x(s)}{s} \;\rightarrow\; \frac{y(s)}{s} = \varepsilon(s).$$

Ebenso beweist man die anderen Aussagen des folgenden Satzes:

Satz 4.2.4 - Befindet sich ein System im d-Lastgleichgewicht, so sind sind $\varrho(s)$, $\varepsilon(s)$ und $\gamma(s)$ einander symmetrisch d-angeglichen.

Gilt zusätzlich noch, dass sich das System im d'-Auftragsgleichgewicht befindet, so ergibt sich aus dem folgenden Satz, dass auch die mittleren Bedienzeiten mit beschränkter Genauigkeit einander angeglichen sind.

Satz 4.2.5 - Befindet sich ein System im d-Lastgleichgewicht und im d'-Auftragsgleichgewicht, so folgt:

1. X(s) und Y(s) sind einander symmetrisch d-angeglichen.

2. X(s), Y(s) und Z(s) sind einander symmetrisch $\left(\frac{d+d'}{1-d'}\right)$-angeglichen.

Beweis - 1. Es gilt

$$(d:)\quad x(s) \;\rightarrow\; y(s),$$

so dass folgt:

$$(d:)\quad X(s) = \frac{x(s)}{c(s)} \;\rightarrow\; \frac{y(s)}{c(s)} = Y(s).$$

Ebenso beweist man:

$$(d:)\quad Y(s) \;\rightarrow\; X(s).$$

2. Es gilt:

$$(d:)\quad x(s) \;\rightarrow\; z(s) \quad \text{und} \quad (d':)\quad c(s) \;\rightarrow\; b(s).$$

Dann folgt aus Satz 3.2.8 über die Division von Funktionen:

$$\left(\frac{d+d'}{1-d'}:\right) \quad X(s) = \frac{x(s)}{c(s)} \rightarrow \frac{z(s)}{b(s)} = Z(s).$$

Analog zeigt man die restlichen Angleichungen.

Ein System im Auftragsgleichgewicht fertigt offenbar ähnlich viele Aufträge ab wie in das System eintreten. Ebenso kann ein System im Lastgleichgewicht nahezu genauso viel Leistung erbringen, wie an es gestellt wird. Wir wollen daher ein System im d-Flussgleichgewicht nennen, falls es sich im d-Auftragsgleichgewicht und im d-Lastgleichgewicht befindet.

Definition 4.2.6 - Wir nennen ein System im d-Flussgleichgewicht, falls es im d-Lastgleichgewicht und im d-Auftragsgleichgewicht ist.

Enthält das System Untersysteme, so heisst es im d-Flussgleichgewicht, falls jedes Untersystem im d-Flussgleichgewicht ist.

Eine wichtige abgeleitete Grösse ist die restliche Bedienzeit jener Aufträge, die noch im System sind:

$$u(s) := x(s)-y(s): \text{ Last.}$$

Die Last gibt die Zeit an, die das System noch bräuchte, um alle Aufträge, die im System sind (es kommen keine mehr hinzu) fertigzustellen. Sie wird für einige Überlegungen wichtig sein, da sie eine von der Bedienstrategie unabhängige Grösse ist.

Nach den Betrachtungen über Mittelwerte in Abschnitt 2.2 können wir die mittlere Last einführen:

$$U(s) = \frac{1}{s} \cdot \int_0^s u(r) \cdot dr.$$

4.3 Zwischenankunftszeiten.

In diesem Abschnitt werden die Zwischenankunftszeiten eingeführt. Sie werden später vor allem zur Herleitung der allgemeinen Wartezeitformel in Abschnitt 6.4 benötigt, eigenständige Ergebnisse über die Zwischenankunftszeiten selbst aber bereits hier vorweggenommen.

Die Zwischenankunftzeiten geben die Zeitdauer an, die zwischen dem Zugang zweier aufeinanderfolgender Aufträge in das System verstreicht. Um diese genauer zu definieren, führen wir in dem Zeitintervall [0,t] Zeitpunkte t_i ein, wobei t_i angibt, wann der i-te Auftrag in das System eingetreten ist.

Den a_0 Aufträgen, die zum Zeitpunkt 0 im System sind, werde dabei $t_i=0$ zugeordnet, d.h.:

$$t_i = 0,\ i=1..a_0.$$

Weiter definieren wir zu den Zeitpunkten t_i die Zwischenankunftszeiten:

$$s_i := t_{i+1}-t_i,\ i=1..c(t)-1.$$

und

$$s_{c(t)} := t - t_{c(t)} + t_1.$$

Die letzte Definition gibt formal die Zwischenankunftszeit zwischen dem c(t)-ten Auftrag und dem {c(t)+1}-ten Auftrag an. Da jedoch genau c(t) Aufträge im System verweilten, gibt es diesen letzten Auftrag nicht. Somit können eigentlich nur c(t)-1 Zwischenankunftszeiten definiert werden, und es wäre einsichtig, mit diesen c(t)-1 Werten zu rechnen. Es zeigt sich jedoch, dass dieses unpraktisch ist, so dass es auf jeden Fall bequemer wird, mit c(t) Zwischenankunftszeiten zu rechnen. Dann muss aber die letzte Zwischenankunftszeit willkürlich festgelegt werden. Da die obige Definition einige Ausdrücke sehr vereinfacht, wird sie gewählt. Eine auf das System bezogene Interpretation soll dazu nicht gegeben werden.

Es folgt jetzt einfach:

$$\sum_{i=1}^{c(t)} s_i = \sum_{i=1}^{c(t)-1} \{t_{i+1} - t_i\} + t + t_1 - t_{c(t)} =$$

$$= t_{c(t)} - t_1 + t_1 - t_{c(t)} + t = t.$$

Die Zwischenankunftszeiten s_i bilden somit eine Zählgrösse mit Indexmenge {1..c(t)}, von der es sinnvoll ist, Mittelwert und Varianz zu bilden:

$$S(t) := \frac{1}{c(t)} \cdot \sum_{i=1}^{c(t)} s_i = \frac{t}{c(t)} = \frac{1}{C(t)}$$

Das ergibt den folgenden Satz:

Satz 4.3.1 - Für jedes System gilt:

$$S(t) = \frac{1}{C(t)}.$$

Für die Varianz ergibt sich:

$$V(s) := \frac{1}{c(t)} \cdot \sum_{i=1}^{c(t)} \{S(t) - s_i\}^2 = \overline{s^2} - S^2(t).$$

Wir betrachten ein 1-Bedienersystem. Ist $y(s)$ die bis zum Zeitpunkt s erbrachte Arbeit des Systems, so ist:

$$i(s) := s - y(s) = s \cdot \{1 - \varepsilon(s)\} \; : \text{Leerzeit}$$

die Leerzeit (idle time) des Systems. Wenn das System bis zum Zeitpunkt s gerade $m'(s)$-mal leer war, so ist:

$$I(s) := \frac{i(s)}{m'(s)} \; : \text{mittlere Leerzeit}$$

die mittlere Leerzeit des Systems pro Leerphase (idle-period).

Wir führen jetzt die folgenden Grössen ein:

$c_i(s)$:= Anzahl von Aufträgen, die in [0,s] im System eintrafen und dort i Aufträge vorfanden.

Für $c_i(0)$ definieren wir:

$$c_i(0) := \begin{cases} 1, & \text{für } i=1..a_0-1, \\ 0 & \text{sonst.} \end{cases}$$

Für die Anzahl der Leerphasen $m'(s)$ in [0,s] gilt:

$$m'(s) := c_0(s) - c_0(0) + \begin{cases} 1, & \text{falls } n(s)=0 \\ 0, & \text{falls } n(s)\geq 0 \end{cases}.$$

Die Zeit, während der das System ununterbrochen bedient, wird auch als Bedienphase (busy-period) bezeichnet, und für die gesamte Bedienzeit folgt:

$$r(s) := y(s) = s \cdot \varepsilon(s) \; : \text{Bedienzeit.}$$

Sei $m(s)$ die Anzahl der Bedienphasen in [0,s]. Dann gilt:

$$m(s) := c_0(s).$$

Da sich $m'(s)$ und $m(s)$ höchstens um 1 unterscheiden, werden wir im folgenden setzen: $m'(s)=m(s)$, und schreiben sowohl für die Anzahl der Leerphasen $m(s)$ als auch für die Anzahl der Bedienphasen.

Für die mittlere Anzahl von Aufträgen pro Bedienphase folgt dann also:

$$K(s) := \frac{c(s)}{m(s)}.$$

Für die mittlere Dauer einer Bedienphase gilt:

$$R(s) := \frac{r(s)}{m(s)} = \frac{y(s)}{m(s)}.$$

Es folgen einige einfache Sätze:

Satz 4.3.2 -

$$K(s) = C(s) \cdot \{I(s) + R(s)\}.$$

Beweis - $K(s) = \frac{c(s)}{m(s)} = \frac{c(s)}{s} \cdot \frac{i(s)+y(s)}{m(s)} = C(s) \cdot \{I(s)+R(s)\}.$

Satz 4.3.3 -

$$R(s) = Y(s) \cdot K(s).$$

Beweis - $R(s) = \frac{y(s)}{m(s)} = \frac{y(s)}{c(s)} \cdot \frac{c(s)}{m(s)} = Y(s) \cdot K(s).$

Satz 4.3.4 -

$$K(s) = \frac{C(s)\cdot I(s)}{1 - \varepsilon(s)}. \qquad (4.3.4.1)$$

Beweis - Elimieren von R(s) in den beiden letzten Sätzen.

Hängt daher I(t) nicht von $\varepsilon(t)$ ab, so wächst K(t) unbeschränkt, wenn $\varepsilon(t)$ gegen 1 geht. Hängt jedoch I(t) von $\varepsilon(t)$ ab, so gilt dieses i.allg. nicht. Betrachtet man etwa ein D/D/1-System, bei dem alle Aufträge die gleiche Bedienzeit X(t) und die gleiche Zwischenankunftszeit S(t) haben, und ist die angebotene Auslastung kleiner als 1, so wird das System nach der Beendigung der Bedienung eines Auftrags stets leer sein, und erst $S(t)=\frac{1}{C(t)}$ Zeiteinheiten nach Beginn der Bedienung des letzten Auftrags der nächste in das System eintreten. Die Leerphase ist dann immer konstant und hat die Länge:

$$i_j(s) = \frac{1}{C(s)} - y_j(s) = \frac{1}{C(s)} - Y(s).$$

Das gleiche gilt für die mittlere Leerphase, so dass:

$$I(t) = \frac{1}{C(t)} - Y(t) \tag{4.3.5}$$

wird. Für die mittlere Leerphase I(t) erhält man aus (4.3.5):

$$I(t) = \frac{1-\varrho(t)}{C(t)}.$$

Also ist I(t) funktional abhängig von der Auslastung $\varrho(t)$. Für K(t) folgt dann aus (4.3.4.1):

$$K(t) = \frac{1-\varrho(t)}{1-\varrho(t)} = 1,$$

Dieses ist sicherlich der erwartete Wert für K(t).

Daher kann nicht einfach von der Formel 4.3.4.1 auf das Verhalten von K(t) geschlossen werden. Trotzdem bleibt es natürlich auch hier richtig, dass bei einer angebotenen Auslastung $\rho(t)>1$ des Systems die mittlere Zahl von Aufträgen pro Bedienphase mit der Zeit t beliebig gross wird.

Aus der Homogenitätseigenschaft folgt:

Satz 4.3.6 - Ist der Zugangsprozess eines Systems d-homogen, so gilt:

$$(d:t) \quad S(t) \;\rightarrow\; I(t).$$

Beweis - Aus der Definition 3.4.6 folgt:

$$(d:t) \quad \frac{c_0(t)}{t(0)} \;\rightarrow\; \frac{c(t)}{t},$$

und da $c_0(t)=m(t)$ und $t(0)=i(t)$ folgt:

$$(d:t) \quad S(t) = \frac{t}{c(t)} \;\rightarrow\; \frac{i(t)}{m(t)} = I(t).$$

Der letzte Satz besagt, dass in Systemen mit d-homogenem Zugangsprozess die mittlere Zwischenankunftszeit d-angeglichen ist der mittleren Dauer der Leerphasen. Diese Eigenschaft ist in der Stochastik von Poisson-Zugangsprozessen bekannt.

Für die mittlere Zahl von Aufträgen pro Bedienphase und die mittlere Dauer einer Bedienphase folgt somit:

Satz 4.3.7 - Ist der Zugangsprozess eines Systems d-homogen, so gilt:

$$(d:t)\quad \frac{1}{1-\epsilon(t)} \;\to\; K(t),$$

und:

$$(d:t)\quad \frac{Y(t)}{1-\epsilon(t)} \;\to\; R(t).$$

Beweis - Aus Satz 4.3.6 folgt:

$$(d:t)\quad \frac{1}{1-\epsilon(t)} = \frac{C(t)}{1-\epsilon(t)} \cdot S(t) \;\to$$

$$\to\; I(t) \cdot \frac{C(t)}{1-\epsilon(t)} = \frac{i(t)}{m(t)} \cdot \frac{c(t)}{t\cdot(1-\epsilon(t))} = \frac{c(t)}{m(t)} = K(t),$$

da $S(t)\cdot C(t)=1$ nach Satz 4.3.1.

Die zweite Angleichung kann bewiesen werden durch Erweitern der ersten mit $Y(t)$ nach Satz 4.3.3.

4.4 Das Restzeitparadoxon.

Die Zwischenankunftszeit steht noch zu einer anderen Grösse eines Wartesystems in einem interessanten Verhältnis. Sei $g(s)$ die Zeit, die vom Zeitpunkt s bis zum nächsten Stattfinden eines sich wiederholenden Ereignisses vergeht (z.B. des Zugangs eines Auftrags). Da $g(s)$ die restliche Zeit angibt, die bis zum nächsten Ereignis vergeht, nennen wir g auch Restzeit.

Zunächst berechnen wir eine Formel für die Momente von g, wenn die Momente von $\{s_i\}$ bekannt sind.

Ist $s\in [t_i, t_{i+1}]$, dann folgt für $g(s)$:

$$g(s) = t_{i+1} - s = t_i + s_i - s.$$

Für $s\in [0,t_1]$ sei $g(s):=t_1-s$.

Für das Integral der n-ten Potenz von g in $[t_i, t_{i+1}]$ gilt:

$$\int_{t_i}^{t_{i+1}} g^n(s) = \int_{t_i}^{t_{i+1}} (t_i+s_i-s)^n\cdot ds = \frac{1}{n+1} \cdot s_i^{n+1},$$

und für das Integral in $[t_1,t]$ folgt:

$$\int_{t_1}^{t} g^n(s)\cdot ds = \sum_{i=1}^{c(t)} \int_{t_i}^{t_{i+1}} (s_i-\{s-t_i\})^n\cdot ds$$

$$= \frac{1}{n+1}\cdot \sum_{i=1}^{c(t)} s_i^{n+1} - \frac{1}{n+1}\cdot t_1^{n+1}.$$

Für das Integral im Bereich $[0,t_1]$ gilt:

$$\int_0^{t_1} (t_1-s)^n\cdot ds = \frac{1}{n+1}\cdot t_1^{n+1},$$

so dass wir nach Einsetzen und Kürzen durch t den Satz erhalten:

Satz 4.4.1 - Für das n-te Moment der Restzeit gilt:

$$\overline{g^n}(t) = \frac{1}{n+1}\cdot C(t)\cdot \overline{s^{n+1}}.$$

Ein analoger Satz ist in der stochastischen Erneuerungtheorie bekannt. Jedoch zeigt sich hier, dass dieses nicht nur in Bezug auf stochastische Groessen gilt, sondern bei geeigneter Definition der Zugangszeitpunkte für jedes Intervall $[0,t]$ und jeden Zugangsprozess. Die Momente von g knnen somit nach Satz 4.4.1 exakt berechnet werden.

Wir geben jetzt zwei Beispiele, bei denen wir die Zwischenankunftszeiten genauer betrachten wollen.

Beispiel 4.4.2 - Es sei eine Gleichverteilung der Zwischenankunftszeiten gegeben, d.h.:

s_i := konstant := s, i=1..c(t). Sei $t_1=0$. Dann sind:

$$t = s\cdot c(t),\ C(t) = \frac{c(t)}{t} = \frac{1}{s},\ S(t) = s$$

und

$$\overline{s^2}(t) = \frac{1}{c(t)}\cdot \sum_{i=1}^{c(t)} s_i^2 = s^2.$$

Also erhalten wir für

$$G(t) = \frac{1}{2} \cdot C(t) \cdot \overline{s^2}(t) = \frac{1}{2} \cdot \frac{1}{s} \cdot s^2 = \frac{1}{2} \cdot S(t).$$

Für die Varianz von s folgt:

$$V(s) = \overline{s^2}(t) - S^2(t) = s^2 - s^2 = 0.$$

Das nächste Beispiel zeigt, dass G(t) und S(t) gleich sein können.

Beispiel 4.4.3 - Wir nehmen an, es kommen 3 Aufträge in dem System an (oder ein ganzzahliges Vielfache davon). Für die Zwischenankunftszeiten gelte: $s_1=1$, $s_2=2$ und $s_3=12,25$. Sei $t_1=0$. Dann werden:

$$t = 15,25,\ C(t) = \frac{3}{15,25} = 0,1967,\ S(t) = 5,08$$

und

$$G(t) = \frac{1}{2} \cdot C(t) \cdot \overline{s^2}(t) = 5,08.$$

Für die Varianz von s erhalten wir:

$$V(s) = \overline{s^2}(t) - S^2(t) = 25,85 = (5,08)^2.$$

Daher sind bei dieser Zwischenankunftszeitverteilung die mittlere Zeit zwischen dem Eintreffen zweier Aufträge und die mittlere Zeit bis zum Eintreffen des nächsten Auftrags gleich. Die Varianz ist gerade gleich dem Quadrat der mittleren Zwischenankunftszeit.

In der Stochastik wird gezeigt, dass gerade ein Poisson-Prozess diese Eigenschaften hat. Die erste dieser beiden Eigenschaften wird in der Stochastik in der Erneuerungstheorie untersucht und dort Restzeit-Paradoxon genannt (Paradox of residual life /Klein75/).

Es stellt sich die Frage, ob diese beiden Eigenschaften voneinander unabhängig sind. Der nächste Satz zeigt, dass dieses nicht der Fall ist.

Satz 4.4.4 - Für alle Systeme gilt:

$$V(s) = S^2(t) \cdot \{2 \cdot \frac{G(t)}{S(t)} - 1\}. \qquad (4.4.4.1)$$

$$G(t) = \frac{1}{2}\cdot S(t)\cdot\{1+C^2(s)\}. \qquad (4.4.4.2)$$

Beweis - Aus Satz 4.4.1 folgt mit n=1:

$$\frac{1}{2}\cdot C(t)\cdot\overline{s^2}(t) = G(t). \qquad (4.4.4.3)$$

Dann folgt wegen (4.3.1):

$$\overline{s^2}(t) = 2\cdot G(t)\cdot S(t),$$

woraus folgt:

$$V(s) = \overline{s^2} - S^2(t) = 2\cdot G(t)\cdot S(t) - S^2(t) = S^2(t)\cdot\{2\cdot\frac{G(t)}{S(t)} - 1\}. \qquad (4.4.4.4)$$

Wegen (4.4.4.3) und (2.3.6) gilt:

$$G(t) = \frac{1}{2}\cdot C(t)\cdot\overline{s^2}(t) = \frac{1}{2}\cdot S(t)\cdot\frac{\overline{s^2}(t)}{S^2(t)} = \frac{1}{2}\cdot S(t)\cdot\{1+C^2(s)\}.$$

Aus $S^2(t)=V(s)$ folgt $C^2(s)=1$ und aus (4.4.4.2) folgt:

$$S(t) = G(t).$$

Ist $S(t)=G(t)$, so folgt aus (4.4.4.1):

$$V(s) = S^2(t),$$

Also sind die beiden Eigenschaften des Beispiels 4.4.3 nicht unabhängig.

Allgemeiner sieht man, dass für jede Zugangsverteilung mit der gleichen mittleren Zwischenankunftszeit die mittlere Restzeit proportional mit $(1+C^2(s))$ wächst.

Wir können also durchaus auch in unserem endlichen Modell Aussagen über Verteilungen formulieren, wie sie bislang nur in der stochastischen Analyse bekannt waren. Dabei gelten die hergeleiteten Beziehungen (4.4.4.1,4.4.4.2) in jedem System, auch wenn es sich nicht im Gleichgewicht im stochastischen Sinne befindet.

Wir leiten jetzt ein weiteres Ergebnis aus der allgemeinen stochastischen Erneuerungstheorie her. Wir suchen die mittlere Anzahl von Aufträgen, die in einem Intervall der Länge L ankommen. Ist $[s,s+L] \subseteq [0,t]$ ein solches Intervall, so gilt für die Anzahl der Aufträge, die in diesem Intervall ankommen:

$$n_L(s) := c(s+L) - c(s), \quad s \in [0,t-L].$$

Ist $s>t-L$, so ist die Länge des Intervalls $[s,t]$ kleiner als L. Um ein Intervall der Länge L zu erhalten, hängen wir an $[s,t]$ das Intervall $[0,s+L-t]$ an. Die Zahl der Aufträge, die in diesem Intervall ankommen, ist:

$$n_L(s) := c(t)-c(s) + c(s+L-t)-c(0), \quad s \in [t-L,t].$$

Dann definieren wir den Mittelwert von $n_L(s)$ zu:

$$\begin{aligned}
N_L(t) &:= \frac{1}{t} \cdot \int_0^t n_L(s) \cdot ds \\
&= \frac{1}{t} \cdot [\int_0^{t-L} \{c(s+L)-c(s)\} \cdot ds \\
&\quad + \int_{t-L}^{t} \{c(t)-c(s)+c(s+L-t)-c(0)\} \cdot ds] \\
&= \frac{1}{t} \cdot [\int_L^t c(s) \cdot ds - \int_0^{t-L} c(s) \cdot ds \\
&\quad - \int_{t-L}^{t} c(s) \cdot ds + \int_0^L c(s) \cdot ds + L \cdot \{c(t)-c(0)\}] \\
&= \frac{1}{t} \cdot [\int_0^t c(s) \cdot ds - \int_0^t c(s) \cdot ds + L \cdot a(t)] \\
&= L \cdot A(t).
\end{aligned}$$

Es folgt:

Satz 4.4.5 - In jedem System gilt für die mittlere Zahl von Aufträgen, die in einem Intervall der Länge L ankommen:

$$N_L(t) = L \cdot A(t).$$

Dieser Satz gilt auch, wenn alle Aufträge zur gleichen Zeit ankommen.

4.5 Unabhängigkeit der Zugangszeiten.

In diesem Abschnitt zeigen wir, unter welchen Voraussetzungen die Zeit seit dem letzten Eintreffen eines Auftrags nicht abhängt von der Zeit bis zum nächsten Eintreffen eines Auftrags. Wir werden hierzu im wesentlichen den Satz 3.4.4 als Definition der Unabhängigkeit zweier Zeitgrössen verwenden.

Sei $h(s)$ die Zeit, die seit dem letzten Eintreffen eines Auftrags vergangen ist, und $g(s)$ die Zeit, die bis zum nächsten Eintreffen eines Auftrags vergeht. Ist $s \in [t_i, t_{i+1}]$, so gilt:

$$h(s) := s - t_i, \qquad g(s) := t_{i+1} - s,$$

und für $s \in [0, t_1]$ definieren wir:

$$h(s) := s + s_c - t_1, \qquad g(s) := t_1 - s,$$

was wegen $s_c \geq t_1$ eine sinnvolle Definition ist.

Sind diese beiden Grössen unabhängig, so folgt aus (3.4.4):

$$(d{:}t) \quad \frac{1}{t} \cdot \int_0^t h(s) \cdot g(s) \cdot ds \;\to\; H(t) \cdot G(t) \,. \tag{4.5.1}$$

Für $G(t)$ wissen wir bereits nach Satz (4.4.1):

$$G(t) = \frac{1}{2} \cdot C(t) \cdot \overline{s^2}, \,. \tag{4.5.2}$$

Für $H(t)$ folgt aus Symmetrieüberlegungen bzw. analytisch wie für $G(t)$:

$$H(t) = \frac{1}{2} \cdot C(t) \cdot \overline{s^2}. \tag{4.5.3}$$

Für das Integral auf der linken Seite von (4.5.1) folgt mit $t_{i+1} = t_i + s_i$ und der Substitution $u := s - t_i$:

$$\int_0^t h(s) \cdot g(s) \cdot ds = \sum_{i=1}^{c(t)} \int_{t_i}^{t_i+s_i} (s - t_i) \cdot (t_{i+1} - s) \cdot ds =$$

$$= \sum_{i=1}^{c(t)} \int_0^{s_i} u\cdot(s_i-u)\cdot du = \frac{1}{6}\cdot\sum_{i=1}^{c(t)} s_i^3.$$

Multiplizieren von (4.5.2) und (4.5.3) und Einsetzen in (4.5.1) ergibt:

$$(d{:}t)\quad \frac{1}{6}\cdot\overline{s^3}\cdot c(t) \;\to\; \frac{1}{4}\cdot c^2(t)\cdot\overline{s^2}^2$$

oder

$$(d{:}t)\quad \overline{s^3} \;\to\; \frac{3}{2}\cdot c(t)\cdot\overline{s^2}^2. \qquad (4.5.4)$$

Gilt (4.5.4), so können wir (4.5.2) und (4.5.3) einsetzen und finden, dass die Angleichung (4.5.1) gilt.

Es folgt der Satz:

Satz 4.5.5 - (4.5.4) gilt genau dann, wenn die Zeit seit dem letzten Eintreffen eines Auftrags d-unabhängig ist von der Zeit bis zum nächsten Eintreffen eines Auftrags.

Wir können dieses mit einem stochastischem Poisson-Zugangsprozess vergleichen: Ersetzen wir das k-te Moment von s durch $s^k\cdot k!$, so wird (4.5.4) eine Identität. Stimmen daher die ersten drei Momente der Zwischenankunftszeitverteilung mit den ersten drei Momenten der negativ-exponentiellen Verteilung überein, so folgt hieraus die Unabhängigkeit zwischen der Zeit seit dem letzten Eintreffen eines Auftrags und der Zeit bis zum Eintreffen des nächsten Auftrags, da (4.5.1) aus (4.5.4) folgt.

5.0 Beziehungen zwischen Grössen in Wartesystemen.

In diesem Kapitel sollen weitere Beziehungen zwischen Grössen in Wartesystemen hergeleitet werden. Dabei beschränken wir uns auf Beziehungen zwischen ersten Momenten. Diese sind zum Teil bereits aus der operationalen Analyse bekannt, jedoch werden hier einige Fehlerabschätzungen durchgeführt, insbesondere für das Gesetz von Little in seiner herkömmlichen Formulierung. Für das Antwortzeitgesetz nach /Buzen76/ wird gezeigt, dass der Fehler von dem Verhältnis zwischen Denkzeit und Systemverweilzeit abhängt.

5.1 Das Gesetz von Little.

Das sogenannte Gesetz von Little gibt eine einfache Beziehung an zwischen der mittleren Füllung

$$N(t) := \frac{1}{t} \cdot \int_o^t n(s) \cdot ds$$

eines Wartesystems und der mittleren Verweilzeit

$$W(t) := \frac{1}{c(t)} \cdot \sum_{i=1}^{c(t)} w_i(t)$$

der Aufträge in einem Wartesystem. Dabei werden weiter keine Voraussetzungen über das System gemacht.

Die Grösse $w_i(s)$ werde dabei als Zählgrösse für die Zeit eingeführt, die der i-te Auftrag insgesamt im System verbringt. Die zugehörige Indexmenge sei $\{1..c(s)\}$.

Dieses Gesetz soll jetzt hergeleitet werden. Dabei wird sich die hier hergeleitete Beziehung von der sonst üblichen etwas unterscheiden.

Ein Unterschied liegt in dem Proportionalitätsfaktor zwischen den Mittelwerten von Wartezeit und Füllung. Während dieser bei der sonst üblichen Formulierung die Ankunftsrate ist, wird er hier die Verweilrate sein. Allerdings unterscheiden sich beide numerisch nicht viel, wenn das System im Flussgleichgewicht ist (siehe Definition 4.1.2).

Der hier verwendete Begriff mittlere Verweilzeit entspricht genau dem Mittelwert einer Zählgrösse wie in Abschnitt 2.2 eingeführt. Daher besteht ein Unterschied zu der sonst üblichen Definition dieses Begriffs. Dieser Unterschied wird gerade durch die Zahl von Aufträgen, die zum Zeitpunkt 0 bereits im System sind, und die Zahl von Aufträgen, die zum Zeitpunkt t das System noch nicht verlassen haben, bestimmt. Dieses soll im folgenden genauer untersucht werden.

Bei der Beobachtung des Systems gehen wir wieder von einem Intervall [0,t] aus. Wir verwenden nur Grössen, die sich innerhalb dieses Zeitraums ermitteln lassen. Somit ignorieren wir Grössen, die bereits vor dem Zeitpunkt 0 entstanden und solche, die noch nach dem Zeitpunkt t erzeugt werden. Damit berücksichtigen wir aber auch nicht solche Verweilzeiten, die Aufträge bereits vor dem Zeitpunkt 0 im System verbrachten, bzw. die Verweilzeiten, die Aufträge noch nach der Zeit t im System verbringen.

Bei der klassischen Definition des Erwartungswerts von Zählgrössen würde dieser Anteil auch berücksichtigt werden. Damit kann sich nach unserer Definition ein anderer Wert ergeben als nach der klassischen. Allerdings kann man argumentieren dass dieser Unterschied bei hinreichend grosser Zahl von Aufträgen hinreichend klein ist. Diese Argumentation soll hier jedoch nicht übernommen werden. Wir stellen uns rigoros auf den Standpunkt, dass nur verwendbar ist, was auch gemessen werden kann, und Messungen können wir nur während der Zeit [0,t] vornehmen. Die Grösse

$$W(t) = \frac{1}{c(t)} \cdot \sum_{i=1}^{c(t)} w_i(t)$$

wird bei uns also konsequent ohne die Verweilzeiten der Aufträge vor dem Zeitpunkt 0 bzw. nach dem Zeitpunkt t definiert. Sollten sich damit Unterschiede ergeben zur klassischen Definition des Erwartungswerts, so heben wir diese zwar hervor, bestehen aber weiter auf unserer eigenen Definition.

Wir werden die gleiche Definition auch bei anderen Grössen, z.B. den Wartezeiten der Aufträge, verwenden.

Ist das System zum Zeitpunkt 0 und t leer, so sind diese Überlegungen ohne Belang. Es wird aber nicht verlangt, dass das System zum Zeitpunkt 0 oder t leer ist.

Wir leiten jetzt die gesuchte Beziehung her. Dazu werden die Aufträge in einer beliebigen Reihenfolge durchnumeriert, sowohl diejenigen, die zum Zeitpunkt 0 bereits im System sind, als auch die, die erst während des Zeitraums [0,t] in das System eintreten, als auch die, die über den Zeitpunkt t hinaus im System verbleiben (aber nicht die, die vor dem Zeitpunkt 0 das System verliessen, bzw. die, die nach dem Zeitpunkt t das System betraten). Wir gehen also von endlich vielen Aufträgen aus, von denen jeder durch eine Nummer eindeutig gekennzeichnet ist.

Die Zeit aus dem Zeitintervall [0,t], die der i-te Auftrag im Zeitraum [0,t] im System verbringt, soll dann mit $w_i(t)$ bezeichnet werden.

Danach führen wir Zeitpunkte t_i aus [0,t] ein. Ein Zeitpunkt t_i gibt dabei an, dass zu dieser Zeit entweder ein oder mehrere Aufträge das System betraten, bzw. es verliessen, oder beides zugleich geschah. Also auch wenn sich die Füllung nicht ändert, weil z.B. gleichzeitig ein Auftrag das System betrat, während ein anderer es verliess, soll trotzdem ein t_i eingefügt werden. Die t_i werden geordnet, so dass gilt

$$\text{für alle } i \neq j\text{: } t_i \neq t_j \quad \text{und} \quad t_i < t_{i+1}.$$

t_0 werde als 0 festgesetzt. Da wir ein endliches Intervall mit endlich vielen, nämlich n+1, solcher Zeitpunkte t_i betrachten, können wir $t_n = t$ setzen.

Offenbar ist eine solche Zerlegung stets eindeutig durchführbar.

Wir definieren:

$$w_{ij} := \begin{cases} t_{j+1} - t_j, & \text{falls der i-te Auftrag im Zeitraum } [t_j, t_{j+1}] \text{ im System ist.} \\ 0 & \text{sonst.} \end{cases}$$

Ist also $w_{ij} \neq 0$, so ist der i-te Auftrag zu jedem Zeitpunkt $[t_j, t_{j+1}]$ im System, sonst zu keinem dieser Zeitpunkte. Das ergibt sich aus der obigen Definition der t_j.

Wir zeigen jetzt:

Hilfssatz 5.1.1 -

$$w_i = \sum_j w_{ij}.$$

Beweis - Betritt der i-te Auftrag zur Zeit t_k das System und verlässt er es zur Zeit t_m, so ist

$$w_i = t_m - t_k.$$

Dann ist aber auch:

$$\sum_j w_{ij} = \sum_{j=k}^{m-1} (t_{j+1} - t_j) = t_m - t_k = w_i.$$

Sei jetzt n_j die Zahl der Aufträge, die sich im Zeitraum $[t_j, t_{j+1}]$ im System befinden. Dann folgt:

Hilfssatz 5.1.2 -

$$n_j \cdot \{t_{j+1} - t_j\} = \sum_i w_{ij}.$$

Beweis - Für alle n_j Aufträge, die im Intervall $[t_j, t_{j+1}]$ im System sind, gilt:

$$w_{ij} = t_{j+1} - t_j.$$

Für alle anderen gilt:

$$w_{ij} = 0.$$

Also ist:

$$\sum_i w_{ij} = n_j \cdot \{t_{j+1} - t_j\},$$

Wir können jetzt den folgenden wichtigen Hilfssatz zeigen:

Hilfssatz 5.1.3 -

$$\int_0^t n(s) \cdot ds = \sum_i w_i.$$

Beweis - Da n(s) eine Treppenfunktion ist, können wird das Integral elementar auswerten und zwar zu:

$$\int_0^t n(s) \cdot ds = \sum_j n_j \cdot \{t_{j+1} - t_j\} =$$

$$= \sum_j \sum_i w_{ij} = \sum_i \sum_j w_{ij} = \sum_i w_i.$$

Dabei folgt die zweite Gleichheit aus Lemma 2, die vierte aus Lemma 1.

Aus diesen drei Lemmata erhalten wir aber sofort:

$$N(t) = \frac{1}{t} \cdot \int_0^t n(s) \cdot ds = \frac{1}{t} \cdot \sum_{i=1}^{c(t)} w_i =$$

$$= \frac{1}{t} \cdot c(t) \cdot W(t) = C(t) \cdot W(t).$$

Zusammen erhalten wir die Beziehung:

Satz 5.1.4 - (Gesetz von Little): Für jedes System gilt:

$$N(t) = C(t) \cdot W(t). \qquad (5.1.4.1)$$

Man beachte, dass bei der Herleitung nicht berücksichtigt werden musste, wieviele Aufträge sich zum Zeitpunkt t im System befinden. Insbesondere wurde nicht verlangt, dass das System im Flussgleichgewicht ist. Tatsächlich gilt die Formel 5.1.4.1 auch in solchen Fällen. Allerdings weicht dann der hier eingeführte Mittelwertbegriff für die Verweilzeit von dem in der Stochastik üblichen Begriff des Erwartungswerts der Verweilzeit ab, da dieser Wert dann in der Stochastik nicht definiert ist.

Ist das System zu Anfang leer, so gilt:

$$A(t) = C(t).$$

Setzen wir somit im letzten Satz für die mittlere Verweilrate die mittlere Ankunftsrate ein, so gilt die so entstandene Beziehung:

$$N(t) = A(t) \cdot W(t) \qquad (5.1.5)$$

nur dann exakt, wenn das System zum Zeitpunkt 0 leer ist.

Befindet sich das System jedoch im d-Flussgleichgewicht, so gilt:

$$(d{:}t) \quad C(t) \to A(t),$$

woraus nach Erweitern mit W(t) und wegen des Satzes 5.1.4 folgt:

$$(d{:}t) \quad N(t) \to A(t) \cdot W(t).$$

Die Beziehung (5.1.5) wird allgemein als Gesetz von Little bezeichnet. Sie gilt nach unserer Herleitung nur dann exakt, wenn entweder das System zum Zeitpunkt 0 leer ist, oder sie gilt mit d-Genauigkeit, wenn das System im d-Flussgleichgewicht ist. Da die Formel 5.1.4.1 für alle Systeme ohne Einschränkungen gilt, ist sie allgemeiner.

Wenn wir uns im folgenden auf das Gesetz von Little beziehen, so meinen wir aus diesem Grunde stets die Formel 5.1.4.1.

Die obige Definition misst die Verweilzeiten (und ebenso die Wartezeiten) nur im Zeitraum [0,t], und dieses ist der genaue Grund, warum in dem hier entwickelten Formalismus das Gesetz von Little exakt gilt. Gelten hier aber auch weiterhin andere Gesetze aus der stochastischen Warteschlangentheorie (exakt?)?

Dieses ist tatsächlich häufig der Fall. Als weiteres Beispiel dafür soll im folgenden eine lineare Beziehung zwischen Verweilzeit und Wartezeit hergeleitet werden.

Die Zeit, die der i-te Auftrag im Zeitraum [0,t] im System verbringt, setzt sich zusammen aus der Zeit q_i, die er im Zeitraum [0,t] im System wartet, und der Zeit y_i, die er im Zeitraum [0,t] bedient wird:

$$w_i = q_i + y_i.$$

Da alles Zählgrössen mit gleicher Indexmenge {1..c(t)} sind, ist die Mittelwertbildung linear, so dass gilt:

$$W(t) = Q(t) + Y(t).$$

Befindet sich das System im d-Flussgleichgewicht, so folgt aus dem Satz 4.2.5:

$$(d{:}t) \quad X(t) \;\rightarrow\; Y(t),$$

und da alle betrachteten Grössen nicht negativ sind, folgt aus der Angleichungsarithmetik des Satzes 3.5.1:

$$\left(\frac{d\cdot X(t)}{X(t)+Q(t)}{:}t\right) \quad Q(t) + X(t) \;\rightarrow\; W(t).$$

Die letzte Beziehung, als Gleichheit aufgefasst, ist für ergodische Systeme in der Stochastik bekannt. Sie gilt tatsächlich nur, wenn das System im d-Flussgleichgewicht ist.

Satz 5.1.6 - In jedem System gilt:

$$W(t) = Q(t) + Y(t).$$

Befindet sich das System im d-Flussgleichgewicht, so folgt zusätzlich:

$$\left(\frac{d}{1+Q(t)/X(t)}{:}t\right) \quad Q(t) + X(t) \;\rightarrow\; W(t).$$

5.2 Eine allgemeine Beziehung zwischen Mittelwerten.

Wir wollen in diesem Abschnitt eine allgemeine Formel herleiten zwischen dem Mittelwert einer Zählgrösse und dem Mittelwert einer Zeitgrösse. Um die Diskussion möglichst allgemein zu halten, soll die Grösse nicht weiter interpretiert werden, sondern nur von einer Auswirkung eines Auftrags bzw. aller Aufträge gesprochen werden. Beispiele für eine solche Grösse sind die Kosten, die der i-te Auftrag zum Zeitpunkt s verursacht, oder noch konkreter die Grösse des belegten Speichers dieses Auftrags zum Zeitpunkt s.

Sei $k_i(s)$ eine Zählgrösse mit Indexmenge $\{1..c(t)\}$. Sie ordne dem i-ten Auftrag zum Zeitpunkt s eine reelle Zahl zu.

Die Auswirkungen aller Aufträge auf das System zum Zeitpunkt s werde durch die Summe

$$k(s) := \sum_{i=1}^{c(t)} k_i(s)$$

angegeben. Der Mittelwert dieser Auswirkungen ist

$$K(t) := \frac{1}{t} \cdot \int_0^t k(s) \cdot ds.$$

Die gesamte Auswirkung des i-ten Auftrags auf das System sei die Zählgrösse:

$$m_i := \int_0^t k_i(s) \cdot ds,$$

und deren Mittelwert ist dann:

$$M(t) := \frac{1}{c(t)} \cdot \sum_{i=1}^{c(t)} m_i.$$

Dann folgt:

$$K(t) = \frac{1}{t} \cdot \int_0^t k(s) \cdot ds =$$

$$= \frac{1}{t} \cdot \int_0^t \sum_{i=1}^{c(t)} k_i(s) \cdot ds =$$

$$= C(t) \cdot \frac{1}{c(t)} \cdot \sum_{i=1}^{c(t)} \int_0^t k_i(s) \cdot ds =$$

$$= C(t) \cdot \frac{1}{c(t)} \cdot \sum_{i=1}^{c(t)} m_i =$$

$$= C(t) \cdot M(t).$$

Satz 5.2.1 - Ist $K(t)$ eine mittlere Auswirkung aller Aufträge auf das System und $M(t)$ die zugehörige mittlere Auswirkung der einzelnen Aufträge auf das System, so gilt:

$$K(t) = C(t) \cdot M(t).$$

Setzen wir jetzt $k_i(s)=1$, falls der i-te Auftrag zum Zeitpunkt s im System ist und sonst $k_i(s)=0$, so ist $K(t)$ gerade die mittlere Füllung des Systems und $M(t)$ die mittlere Verweilzeit. Damit haben wir aber das Gesetz von Little.

/Buzen76/ beweist den Satz 1 für die folgende Interpretation, aus der sich dann auch das Gesetz von Little herleiten lässt:

Ist $k_i(s)$ die Speicherplatzbelegung des i-ten Auftrags zum Zeitpunkt s, so ist $M(t)$ die für alle Aufträge gemittelte Grösse Speicherplatz Zeit. Man kann sie daher als mittlere 'Kosten' für die Inanspruchnahme des Speicherplatzes interpretieren. $K(t)$ gibt dann die mittlere Speicherplatzbelegung des Gesamtsystems in der Zeiteinheit an.

Man kann den letzten Satz jedoch auch allgemeiner interpretieren. Fasst man $k_i(s)$ als die Kosten auf, die der i-te Auftrag zum Zeitpunkt s für beliebige Betriebsmittel in der Zeiteinheit zu zahlen hat, so gibt die Formel im letzten Satz eine Beziehung an zwischen den mittleren Kosten eines Auftrags ($M(t)$) und den mittleren Kosten aller Aufträge in der Zeiteinheit ($K(t)$) für das Gesamtsystem.

Der Unterschied zu /Buzen76/ liegt zum einen in der allgemeineren Interpretation des Ergebnisses, zum anderen in der Ersetzung der Abgangsrate bei Buzen durch die Verweilrate. Buzen definiert nämlich $M(t)$ als die Summe der m_i für alle Aufträge, die je im System waren ($c(t)$), dividiert durch die Zahl der Aufträge, die das System verlassen haben ($b(t)$). Ist das System nicht im Gleichgewicht, so weicht bei Buzen $M(t)$ gegebenfalls stark von den mittleren Kosten für die Aufträge ab.

Bei der Herleitung des Gesetzes von Little verwendet Buzen dann aber doch wieder die Verweilrate. Es zeigt sich also, dass die Verweilrate hier sehr viel bequemer zu verwenden ist als die Abgangsrate. Da dieses auch an anderer Stelle gilt (Abschnitt 5.5), wurde die Verweilrate in dieser Arbeit eingeführt und konsequent benutzt.

Verfolgt man die obige Herleitung des Satzes 5.2.1 genau, so wird einem klar, dass bei einer entsprechenden Interpretation die Verweilzeiten gerade so definiert sind, wie es im letzten Abschnitt beschrieben wurde. /Buzen76/ weist auf diesen wichtigen Sachverhalt nicht besonders hin. Dieses ist der Hauptgrund, warum die etwas umständlichere Herleitung des Gesetzes von Little im letzten Abschnitt direkt durchgeführt wurde. Dadurch sollten die Besonderheiten bei der Definition der Verweilzeiten bzw. Wartezeiten verdeutlicht werden.

5.3 Klasseneinteilung der Aufträge.

Man kann die Aufträge in Rechensystemen oft in Klassen einteilen. Ein Kriterium für eine solche Einteilung mag etwa die Bedienzeit sein (Lang- und Kurzläufer) oder die Wichtigkeit (Priorität).

Im folgenden wollen wir stets annehmen, dass es gerade k Klassen von Aufträgen in unserem System gebe. Denken wir uns in unserem System alle Aufträge bis auf die der Klasse j weg, so gilt natürlich für die verbliebenen Aufträge weiterhin Littles Gesetz, d.h.

$$N_j(t) = C_j(t) \cdot W_j(t).$$

Dabei ist

$$N_j(t) = \frac{1}{t} \cdot \int_0^t n_j(s) \cdot ds,$$

und $n_j(s)$ ist die Zahl von Aufträgen der Klasse j, die zum Zeitpunkt s im System sind.

Es ist $C_j(s)$ die Verweilrate der Aufträge der Klasse j im System zum Zeitpunkt s und

$$c_j(s) = C_j(s) \cdot s$$

die Verweilzahl von Aufträgen der Klasse j bis zum Zeitpunkt s.

$W_j(t)$ ist dann schliesslich die mittlere Zeit, die Aufträge der Klasse j im Zeitraum [0,t] im System verbrachten.

Die gesamte Füllung des Systems zum Zeitpunkt s ergibt sich natürlich aus der Summe der Füllungen des Systems mit den Aufträgen aller Klassen, also:

$$n(s) := \sum_{j=1}^{k} n_j(s),$$

und da die Mittelwertbildung für Zeitgrössen linear ist, folgt für die mittleren Füllungen:

$$N(t) = \sum_{j=1}^{k} N_j(t).$$

Analoges gilt für die Verweilzahlen:

$$c(s) := \sum_{j=1}^{k} c_j(s),$$

so dass wir für die Verweilraten erhalten:

$$C(s) = \sum_{j=1}^{k} C_j(s).$$

Dann ergibt sich aufgrund des Gesetzes von Little:

$$W(t) = \frac{N(t)}{C(t)} = \sum_{j=1}^{k} \frac{N_j(t)}{C(t)} = \sum_{j=1}^{k} \frac{C_j(t)}{C(t)} \cdot W_j(t).$$

Die Grössen

$$h_j(s) := c_j(s)/c(s): \text{ (relative Verweilhäufigkeit)}$$

geben anschaulich an, wie oft im Vergleich zu den Aufträgen anderer Klassen die Aufträge der j-ten Klasse im System anwesend waren. Damit erhalten wir für unser Ergebnis:

$$W(t) = \sum_{j=1}^{k} h_j(t) \cdot W_j(t).$$

Die mittlere Gesamtverweilzeit ergibt sich somit als Summe der mit den relativen Verweilhäufigkeiten gewichteten mittleren Verweilzeiten der Aufträge der einzelnen Klassen.

Nach Satz 4.2.1 gilt die folgende Beziehung:

$$\varrho(t) = C(t) \cdot X(t).$$

Sie hat zumindest formal eine Ähnlichkeit mit dem Gesetz von Little. Es soll auch für dieses Gesetz untersucht werden, wie sich die einzelnen Grössen verhalten, wenn Klassen von Aufträgen betrachtet werden.

Die Grösse $\rho_j(s)$ werde definiert als die Bedienzeitanforderung $x_j(s)$, die Aufträge der Klasse j bis zum Zeitpunkt s pro Zeiteinheit dem System abverlangten:

$$\rho_j(s) = \frac{x_j(s)}{s}.$$

Die gesamte Bedienzeitanforderung erhält man, indem man die Bedienzeitanforderungen der einzelnen Klassen zu jedem Zeitpunkt addiert. Es folgt:

$$\rho(t) = \frac{1}{t} \cdot \sum_{j=1}^{k} x_j(t) = \sum_{j=1}^{k} \rho_j(t).$$

Da für die Verweilrate bereits bekannt ist:

$$C(t) = \sum_{j=1}^{k} C_j(t),$$

erhalten wir für die mittlere Bedienzeit ähnlich wie vorher für die mittlere Verweilzeit:

$$X(t) = \sum_{j=1}^{k} h_j(t) \cdot X_j(t).$$

Entsprechendes gilt für die ebenfalls im vierten Kapitel eingeführten Grössen:

$$\varepsilon(t) = C(t) \cdot Y(t)$$

und

$$\gamma(t) = B(t) \cdot Z(t).$$

Zusammenfassend erhalten wir den folgenden Satz:

Satz 5.3.1 - Sind die in ein System eintreffenden Aufträge in Klassen unterteilt, und ist $h_j(t)$ die relative Verweilhäufigkeit der Aufträge der Klasse j, so gilt für jedes System:

1. Für die Mittelwerte von Füllung, Leistung, sowie für Zugangsraten, Abgangsraten und Verweilraten gilt:

$$N(t) = \sum_{j=1}^{k} N_j(t).$$

2. Für die mittleren Verweilzeiten und Bedienzeiten gilt:

$$W(t) = \sum_{j=1}^{k} h_j(t) \cdot W_j(t).$$

Es soll hier noch ein weiteres Gesetz hergeleitet werden, welches formal zwar mit dem Durchsatzgesetz nach /Buzen76/ (siehe Abschnitt 5.5) übereinstimmt, jedoch anders zu interpretieren ist.

Zunächst ist:

$$C(s) = \frac{c(s)}{s} = \frac{c(s)}{c_j(s)} \cdot \frac{c_j(s)}{s} = \frac{C_j(s)}{h_j(s)}.$$

Nun folgt aus

$$C_j(s) \cdot X_j(s) = \rho_j(s)$$

das folgende Verweilratengesetz:

Satz 5.3.2 - (Verweilratengesetz): Sind in einem System die Aufträge in Klassen eingeteilt, so folgt für jede Klasse j:

$$C(s) = \frac{\rho_j(s)}{h_j(s) \cdot X_j(s)}.$$

Dieses Gesetz wird bei der Herleitung des Antwortzeitgesetzes (siehe Abschnitt 5.6) benötigt.

5.4 Häufigere Besuche.

Eine weitere Möglichkeit, die Menge der Aufträge feiner zu unterteilen, ist es, den Aufträgen 'Individualität' zu verleihen, zu zählen, wie oft jeder Auftrag in das System eintritt und zu messen, wie lange er in ihm verweilt.

Wechseln die Aufträge während der Beobachtungszeit ihre Klassenzugehörigkeit nicht, so bringt die zusätzliche Einteilung der Aufträge in Klassen keine weiteren Erkenntnisse, so dass diese hier unterbleibt.

Es soll wieder untersucht werden, welche Änderungen sich gegenüber der früheren Betrachtungsweise ergeben. Dabei werden die jeweiligen Grössen ungestrichen bleiben, wenn wir das System in der üblichen Weise betrachten, und wir werden sie mit Strichen versehen, wenn sie angeben, wie lange z.B. ein Auftrag insgesamt im System verbrachte.

Wir führen hier die (mittlere) relative Verweilhäufigkeit ein als die mittlere relative Anzahl, wie oft ein Auftrag im Mittel in dem System verweilte. In Wartenetzen (siehe nächsten Abschnitt) wird die relative Verweilhäufigkeit anders definiert.

War c(s)-mal ein Auftrag in dem System anwesend, wovon aber nur c'(s) Aufträge verschieden waren, so definiert man als die (mittlere) relative Verweilhäufigkeit aller Aufträge im System:

$$h(s) := \frac{c(s)}{c'(s)}: \text{ relative Verweilhäufigkeit,}$$

und wenn $C'(s) := \frac{c'(s)}{s}$ die Verweilrate verschiedener Aufträge im System angibt, so folgt aus der Definition der relativen Verweilhäufigkeit sofort:

$$C(s) = C'(s) \cdot h(s). \qquad (5.4.1)$$

Natürlich ist die Füllung des Systems nicht abhängig davon, ob die Aufträge im System dort schon öfters waren. Gibt also n'(s) die Füllung des Systems zum Zeitpunkt s an, so folgt:

$$n'(s) = n(s).$$

und nach Mittelung erhalten wir:

$$N'(t) = N(t). \qquad (5.4.2)$$

Auch bei dieser Betrachtung gilt Littles Gesetz, wobei jetzt W'(t) die mittlere Zeit angibt, die ein Auftrag insgesamt (also nicht unbedingt ununterbrochen) im System verbrachte. Dann erhalten wir:

$$N'(t) = C'(t) \cdot W'(t). \qquad (5.4.3)$$

Aus (5.4.1), (5.4.2) und (5.4.3) folgt dann:

$$W'(t) = \frac{N'(t)}{C'(t)} = h(t) \cdot \frac{N(t)}{C(t)} = h(t) \cdot W(t).$$

W(t) gibt dabei an, wie lange ein Auftrag ununterbrochen im Mittel im System verweilte.

Die Bedienzeitanforderung x'(s) ändert sich ebenfalls nicht, wenn die Aufträge unterscheidbar werden, so dass weiterhin gilt:

$$\rho'(s) = \frac{x'(s)}{s} = \frac{x(s)}{s} = \rho(s).$$

Daraus (oder direkt aus der Definition) erhalten wir für die mittlere Bedienzeit X'(s), die ein Auftrag insgesamt von dem System fordert:

$$X'(s) = h(s) \cdot X(s).$$

Somit erhalten wir den folgenden Satz:

Satz 5.4.4 - Gestattet man, dass Aufträge ein System mehrfach besuchen, ist h(t) die mittlere relative Verweilhäufigkeit aller Aufträge in dem System, und beziehen sich die gestrichenen Grössen auf die Betrachtungsweise mit mehrfachem Besuch von gleichen Aufträgen, so gilt für jedes System:

1. Für Verweilraten, Zugangsraten und Abgangsraten gilt:

$$C'(s) = C(s)/h(s).$$

2. Für die mittlere Verweilzeit und Wartezeit sowie mittlere Bedienzeit pro Auftrag gilt:

$$W'(s) = h(s) \cdot W(s).$$

3. Für die (mittlere) Füllung, die kumulierten Bedienzeiten sowie die Auslastungen gilt:

$$n'(s) = n(s).$$

5.5 Durchsatzgesetz (Buzen).

Wir betrachten jetzt ein System, bei dem man mehrere Teilsysteme unterscheiden kann. Von dem j-ten Teilsystem seien uns bekannt:

1. $x_j(s)$: Bedienzeitanforderung bis zum Zeitpunkt s.

2. $c_j(s)$: Verweilzahl bis zum Zeitpunkt s.

Im ganzen Zeitraum [0,s] verweilten c(s) Aufträge in dem System. Dann haben wir die folgenden abgeleiteten Grössen:

3. $h_j(s) := c_j(s)/c(s)$: relative Verweilhäufigkeit

4. $X_j(s) := x_j(s)/c_j(s)$: Mittlere angeforderte Bedienzeit pro Auftrag, der ununterbrochen im j-ten Bediener verweilte.

5. $C(s) := c(s)/s$: Verweilrate.

6. $\varrho_j(s) := x_j(s)/s$: Leistungsanforderung an das j-te Untersystem bis zum Zeitpunkt s.

Mit diesen Definitionen erhalten wir sofort den folgenden Zusammenhang:

Satz 5.5.1 - (Durchsatzgesetz): In jedem System mit Untersystemen gilt:

$$C(t) = \frac{\varrho_j(t)}{h_j(t) \cdot X_j(t)}$$

und

$$C(t) = \frac{\varepsilon_j(t)}{h_j(t) \cdot Y_j(t)}.$$

Beweis - Durch Einsetzen in die Definitionen erhalten wir:

$$C(t) = \frac{c(t)}{t} = \frac{c(t)}{c_j(t)} \cdot \frac{c_j(t)}{x_j(t)} \cdot \frac{x_j(t)}{t} = = \frac{\varrho_j(t)}{h_j(t) \cdot X_j(t)}$$

Die zweite Beziehung folgt wie die erste durch Ersetzen von x durch y.

Statt der Verweilhäufigkeit können wir auch die Abgangshäufigkeit einführen:

$h_j'(t) := b_j(t)/b(t)$: relative Abgangshäufigkeit,

und erhalten dann durch Ersetzen von X_j durch Z_j und c_j durch b_j die folgende Beziehung:

Korollar 5.5.2 - In jedem System mit Untersystemen gilt:

$$B(t) = \gamma_j(t) \;/\; \{h_j'(t) \cdot Z_j(t)\}.$$

Der letzte Satz und das Korrollar zeigen noch einmal sehr deutlich den Vorteil des Begriffs Verweilrate. Während bislang solche Sätze wie der letzte nur für die Abgangsrate gezeigt werden konnten, jedoch nicht für die Zugangsrate /Buzen76/, können sie jedoch sehr wohl für die Verweilrate gezeigt werden, ohne dass besondere Einschränkungen bezüglich der Anfangsfüllung des Systems gemacht werden müssten. Daher erweist sich die Verweilrate gegenüber der Zugangsrate in vielen Fällen als praktischer.

5.6 Antwortzeitgesetz (Buzen).

Wir werden hier eine Formel herleiten, mit der sich die mittlere Antwortzeit eines sogenannten Teilnehmersystems errechnen lässt. Ein Teilnehmersystem bestehe dabei für uns aus m Aufträgen sowie einem zentralen Bediener, der Bedienungswünsche dieser m Aufträge befriedigt. Unter mittlerer Anwortzeit verstehen wir dabei die Zeit, die ein Auftrag im Mittel im zentralen Bediener verbleibt. Dazu werden wir das Verweilratengesetz aus dem Abschnitt 5.3 benötigen.

Sei w_k die Zeit, die der k-te Auftrag (evtl. mit Unterbrechungen) im Zeitraum [0,t] insgesamt im zentralen System verweilte. In dieser Zeit mögen gerade c(t)-mal Aufträge in dem zentralen System verweilt haben, wobei gleiche Aufträge dort auch mehrfach verweilen konnten. Für die mittlere Verweilzeit ergibt sich dann:

$$W(t) = \frac{1}{c(t)} \cdot \sum_{k=1}^{m} w_k .$$

Dieses ist somit die Zeit, die die Bearbeitung (einschliesslich Wartens) jeder Anfrage im Zentralsystem im Mittel dauerte.

Werde andererseits die Zeit, die der k-te Auftrag im Zeitraum [0,t] nicht im zentralen System verbrachte, als die Denkzeit des k-ten Auftrags bezeichnet, d.h.

$$w_k' = t - w_k\text{: Denkzeit,}$$

so verbrachten die Aufträge, falls sie gerade c'(t)-mal ausserhalb des zentralen Systems verweilten, im Mittel gerade

$$W'(t) = \frac{1}{c'(t)} \cdot \sum_{k=1}^{m} w_k'$$

Zeiteinheiten zwischen zwei Anfragen an das Zentralsystem ausserhalb davon. Für die m Aufträge gilt dann offenbar:

$$\sum_{k=1}^{m} w_k + \sum_{k=1}^{m} w_k' = \sum_{k=1}^{m} \{w_k + w_k'\} = m \cdot t,$$

woraus nach Kürzen durch c(t) folgt:

$$W(t) + \frac{c'(t)}{c(t)} \cdot W'(t) = \frac{m \cdot t}{c(t)}.$$

Dann folgt durch Einsetzen der Verweilrate:

$$W(t) = \frac{m}{C(t)} - \frac{c'(t)}{c(t)} \cdot W'(t) \qquad (5.6.1)$$

Dieses Ergebnis gilt für alle Systeme. Befindet sich das System im 0-Flussgleichgewicht, so ist c'=c. In dieser Form findet sich dieses Ergebnis auch in /Buzen76/. Ist das System nicht im 0-Flussgleichgewicht, so erhalten wir den folgenden Satz.

Satz 5.6.2 - Sei ein zentrales System gegeben, um dessen Bedienung sich m Aufträge bewerben. Sei W'(t) die mittlere Denkzeit jedes Bewerbers und C(t) die Verweilrate im zentralen System. Befinde sich das gesamte System im d-Flussgleichgewicht (d.h. sowohl das zentrale System als auch das 'Denksystem'), und sei:

$$0 \leq D := \frac{d \cdot W'(t)}{|m/C(t) - W'(t)|} < 1, \qquad (5.6.2.1)$$

so erhalten wir für die mittlere Antwortzeit:

$$(D:t) \quad \frac{m}{C(t)} - W'(t) \quad -> \quad W(t)$$

Beweis - Da sich das System im d-Flussgleichgewicht befindet, ist nach Definition 4.1.2:

$$(d:t) \quad a'(s) \quad -> \quad c'(s) \text{ und } (d:) \quad c(s) \quad -> \quad b(s). \qquad (5.6.2.2)$$

Ausserdem ist aufgrund der Konstruktion des Systems:

$$a'(s) = b(s) \text{ und } a(s) = b'(s).$$

Daher ist:

$$c(s) \geq b(s) = a'(s) \text{ und } c'(s) \geq a'(s) = b(s).$$

Aus (5.6.2.2) folgt:

$$|b(s)-c'(s)| \leq d \cdot b(s) \text{ und } |b(s)-c(s)| \leq d \cdot c(s).$$

und damit erhalten wir:

$$c'(s)-b(s) \leq d \cdot b(s) \text{ und } c(s)-b(s) \leq d \cdot c(s).$$

Also gilt:

$$c'(s)-c(s) \leq c'(s)-b(s) \leq d\cdot b(s) \leq d\cdot c(s)$$

und

$$c(s)-c'(s) \leq c(s)-b(s) \leq d\cdot c(s).$$

Dann ist auch:

$$|c(s)-c'(s)| \leq d\cdot c(s)$$

oder

$$(d:) \quad c(s) \;\rightarrow\; c'(s).$$

Aus Gleichung 5.6.1 folgt nach Addieren von:

$$\frac{c'(t)-c(t)}{c(t)}\cdot W'(t) \qquad (\leq d\cdot W'(t))$$

die Gleichheit:

$$\frac{m}{C(t)} - W'(t) = W(t) + \frac{c'(t)-c(t)}{c(t)}\cdot W'(t).$$

Nach Satz 3.3.2 folgt wegen:

$$\frac{|c'(t)-c(t)|\cdot W'(t)}{c(t)\cdot |m/C(t)-W'(t)|} \leq \frac{d\cdot W'(t)}{|m/C(t)-W'(t)|} =: D$$

die Behauptung des Satzes.

Ersetzen wir im letzten Satz noch die Verweilrate durch den Ausdruck nach Satz 5.3.2, so erhalten wir das folgende Korollar, was sich für Systeme im 0-Flussgleichgewicht auch in /Buzen76/ findet.

Korollar 5.6.3 (Buzen) - Sei ein zentrales System gegeben, um dessen Bedienung sich m Aufträge bewerben. Sei $W'(t)$ die mittlere Denkzeit jedes Bewerbers, $h_j(t)$ die relative Häufigkeit, mit der der j-te Bewerber in dem zentralen System verweilt, $X_j(t)$ die mittlere Bedienzeit, die der j-te Bewerber pro Anfrage von dem zentralen System anforderte und $\rho_j(t)$ die Leistung, die der j-te Bewerber dem Zentralsystem abverlangt. Befindet sich das gesamte System im d-Flussgleichgewicht (d.h. sowohl das zentrale System als auch das 'Denksystem'), und ist

$$0 \leq D < 1,$$

wobei

$$D := \frac{d \cdot W'(t)}{m\cdot h_j(t)\cdot X_j(t)/\rho_j(t)] - W'(t)},$$

so erhalten wir für die mittlere Antwortzeit:

$$(D:t) \quad \frac{h_j(t) \cdot X_j(t)}{\rho_j(t)} \cdot m - W'(t) \quad -> \quad W(t).$$

Im Satz 5.6.2, ebenso wie im letzten Korollar, hängt die Genauigkeit, mit der die Angleichung gilt, von dem Verhältnis zwischen Bearbeitungszeit W(t) und Denkzeit W'(t) ab. Ist z.B. die mittlere Denkzeit W'(t)=39, die Zahl der Aufträge m=40 und die Verweilrate C(t)=1, so erhält der Nenner von 5.6.2.1 den Wert 1, die Genauigkeit also den Wert D=d·40. (Nach Gleichung 5.6.1 ist dann W(t)≈1.) Wird aber W'(t)=20, (also auch W(t)≈20), so wird D=d.

Der Grund für diesen sehr viel schlechteren Fehler, mit dem W(t) nur berechnet werden kann, wenn W'(t)/W(t) sehr gross ist, liegt in der Differenzbildung in der Gleichung 5.6.1. Bereits im 3. Kapitel wurde mehrfach darauf hingewiesen, dass sich der relative Fehler stark verschlechtern kann, wenn Werte mit verschiedenen Vorzeichen addiert werden. Ein weiteres Beispiel für diese Eigenart des relativen Fehlers wird im Abschnitt 6.3 gezeigt werden.

6.0 Beziehungen zwischen höheren Momenten.

Im Abschnitt 2.2 wurden die höheren Momente von Zeit- bzw. Zählgrössen eingeführt. Es soll in diesem Kapitel untersucht werden, ob über diese auch im Rahmen des hier entwickelten formalen Modells Aussagen gemacht werden können.

6.1 Mittelwert der Restbedienzeit eines Auftrags.

Wir betrachten ein System mit beliebig vielen Bedienern. Die Aufträge treten in das System ein, werden eine zeitlang von einzelnen der Bediener nacheinander bedient und verlassen das System dann. Gebe $p_i(s)$ die restliche Zeit an, die der i-te Auftrag noch insgesamt bedient werden muss, falls er zum Zeitpunkt s von einem Bediener bedient wird. Ist der i-te Auftrag zum Zeitpunkt s nicht im System, oder wartet er zum Zeitpunkt s, so sei $p_i(s)=0$.

Zum Zeitpunt s ist dann die gesamte restliche Bedienzeit aller Aufträge, die zu diesem Zeitpunkt gerade bedient werden:

$$p(s) := \sum_{i=1}^{c(t)} p_i(s).$$

Dabei können zum Zeitpunkt $s \in [0,t]$ verschiedene Aufträge von verschiedenen Bedienern bedient werden. Wird der i-te Auftrag bedient, so nimmt seine restliche Gesamtbedienzeit monoton um die Steigung -1 ab. Daher gilt (siehe Bild 6.1.1):

$$\int_0^t p_i(s) \cdot ds = \frac{1}{2} \cdot z_i^2, \quad i=1..b(t),$$

falls dieser Auftrag als i-ter bis zum Zeitpunkt t das System verlassen hat. Sonst haben wir lediglich:

$$\frac{1}{2} \cdot y_j^2 \le \int_0^t p_j(s) \cdot ds \le \frac{1}{2} \cdot x_j^2, \quad j=1..c(t).$$

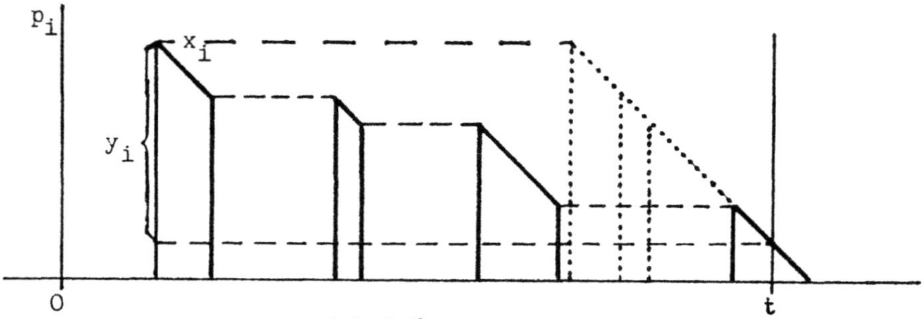

Bild 6.1.1

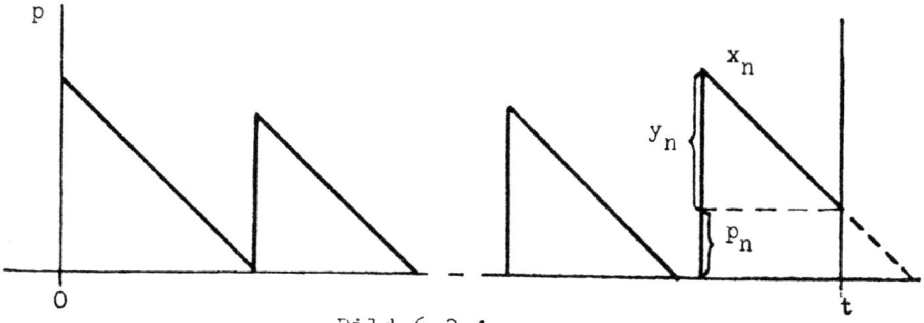

Bild 6.2.1

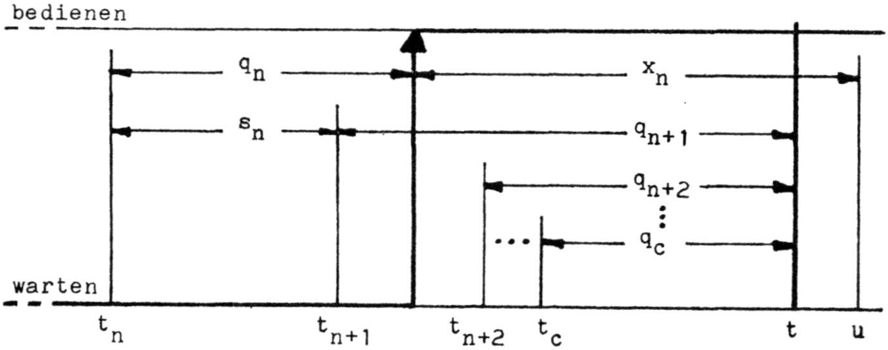

Bild 6.4.1

y_j gibt die Zeit an, die der j-te Auftrage insgesamt bedient wurde, während x_j die Zeit angibt, die der j-te Auftrag an Bedienung von allen Bedienern fordert. Dann erhalten wir die folgende Abschätzung:

$$\frac{1}{2} \cdot \sum_{i=1}^{b(t)} y_i^2 = \sum_{i=1}^{c(t)} \int_0^t p_i(s) \cdot ds \leq$$

$$\leq \int_0^t \sum_{i=1}^{c(t)} p_i(s) \cdot ds = \int_0^t p(s) \cdot ds \leq \frac{1}{2} \cdot \sum_{j=1}^{c(t)} x_j^2 \tag{6.1.1}$$

Nach Kürzen durch t ergibt sich die folgende wichtige Ungleichung:

$$\frac{1}{2} \cdot C(t) \cdot \overline{y^2}(t) \leq P(t) \leq \frac{1}{2} \cdot C(t) \cdot \overline{x^2}(t). \tag{6.1.2}$$

Diese Ungleichung gilt unter speziellen Voraussetzungen, die wir jetzt genau definieren wollen:

Definition 6.1.3 - Sei die Bedienzeit eines Auftrags nicht abhängig von der Bedienstrategie (z.B. Overhead), so sagen wir, dass das System eine lasterhaltende Strategie habe.

Kann ein Bediener die Ausführung eines Auftrags abbrechen und kann dieser Bediener oder ein anderer die Ausführung später wieder aufnehmen und fortsetzen, so soll die Strategie unterbrechend heissen.

Sei die Strategie unterbrechend. Seien alle Aufträge voneinander unabhängig und werde ein Auftrag von verschiedenen Bedienern des Systems nicht zeitlich parallel bearbeitet, so nennen wir die Strategie lastsequentiell. Können die Teilaufträge jedoch zeitlich parallel bearbeitet werden, so heisse die Strategie lastparallel oder konkurrent.

Die Definition lastsequentiell gestattet es, dass ein Auftrag beliebig unterbrochen und von verschiedenen Bedienern bedient wird, aber niemals von verschiedenen Bedienern Teilaufträge eines Auftrags gleichzeitig bedient werden. Kann das System jedoch einen Auftrag so in Teilaufträge zerlegen, dass verschiedene Bediener die Teilaufträge zeitlich gleichzeitig bearbeiten können, so heisst die Strategie lastparallel.

Die Ungleichung 6.1.2 gilt für lasterhaltende und lastparallele Systeme. Nehmen wir noch zusätzlich an, dass sich das System im d-Flussgleichgewicht 2. Ordnung befindet, d.h.:

$$\left| \sum_{i=1}^{c(t)} x_i^2 - \sum_{i=1}^{c(t)} y_i^2 \right| \leq d \cdot \left| \sum_{i=1}^{c(t)} x_i^2 \right|,$$

so erhalten wir aus (6.1.1) mit einigen Umformungen:

$$0 \leq \frac{1}{2} \cdot \sum_{i=1}^{c(t)} x_i^2 - \int_0^t p(s) \cdot ds \leq \frac{1}{2} \cdot \sum_{i=1}^{c(t)} x_i^2 - \frac{1}{2} \cdot \sum_{i=1}^{c(t)} y_i^2 =$$

$$= \frac{1}{2} \cdot \left| \sum_{i=1}^{c(t)} x_i^2 - \sum_{i=1}^{c(t)} y_i^2 \right| \leq \frac{d}{2} \cdot \left| \sum_{i=1}^{c(t)} x_i^2 \right| =$$

$$= d \cdot t \cdot C(t) \cdot \frac{1}{2} \cdot \overline{x^2}(t).$$

Wir erhalten somit nach Kürzen durch t den folgenden Satz:

Satz 6.1.4 - In jedem lasterhaltenden und lastsequentiellen System im d-Flussgleichgewicht 2. Ordnung gilt:

$$(d:t) \quad \frac{1}{2} \cdot C(t) \cdot \overline{x^2}(t) \quad \rightarrow \quad P(t).$$

Das d-Flussgleichgewicht gibt somit eine vernünftige Voraussetzung an, unter der die obige Angleichung für die mittlere Restbedienzeit des in Bedienung befindlichen Auftrags gilt.

Wollte man die letzte Ungleichung umkehren, so würde sich die Genauigkeit nach Satz 3.1.5.2 berechnen, also schlechter werden. In diesem Falle gilt jedoch ebenfalls:

Korollar 6.1.5 - Unter den Voraussetzungen des letzten Satzes gilt:

$$(d:t) \quad P(t) \quad \rightarrow \quad \frac{1}{2} \cdot C(t) \cdot \overline{x^2}.$$

Beweis - Zunächst folgt aus den Voraussetzungen:

$$\left| \sum_{i=1}^{c(t)} y_i^2 - \sum_{i=1}^{c(t)} x_i^2 \right| \leq d \cdot \left| \sum_{i=1}^{c(t)} y_i^2 \right|.$$

Aus der Ungleichung 6.1.1 folgt dann:

$$0 \leq \frac{1}{2} \cdot \sum_{i=1}^{c(t)} x_i^2 - \int_0^t p(s) \cdot ds \leq \frac{1}{2} \cdot \left\{ \sum_{i=1}^{c(t)} x_i^2 - \sum_{i=1}^{c(t)} y_i^2 \right\} \leq$$

$$\leq \frac{d}{2} \cdot \sum_{i=1}^{c(t)} y_i^2 \leq d \cdot \int_0^t p(s) \cdot ds,$$

woraus nach Kürzen durch t die Behauptung folgt.

Also sind $P(t)$ und $\frac{1}{2} \cdot C(t) \cdot \overline{x^2}$ einander symmetrisch d-angeglichen.

6.2 Mittelwert der Last.

Im 3. Kapitel wurde die Last $u(s)$ eingeführt als die Summe der Bedienzeiten aller Aufträge im System zur Zeit s, die noch nicht abgearbeitet wurden. Dabei kommen keine weiteren Aufträge in das System hinzu. Die Last ist bei Systemen mit lasterhaltenden Strategien unabhängig von der Reihenfolge, in der die Aufträge von dem System bedient werden, also von der Bedienstrategie. Daher ist sie für einige Überlegungen recht wichtig. Wir werden im Kapitel 7 darauf näher zurückkommen.

Es soll untersucht werden, ob die mittlere Last zu anderen Grössen des Systems in Beziehung gesetzt werden kann. Dabei betrachten wir nur Systeme mit nicht unterbrechenden und lasterhaltenden Bedienstrategien.

In diesem Abschnitt werden oft Zählgrössen mit verschiedenen Indexmengen verglichen. Verlässt z.B. der i-te Auftrag als j-ter das System, so gibt es eine Abbildung:

$$ji: j \rightarrow i.$$

Dann gilt z.B.:

$$y_i = z_j, \; j=1..b(t), \; i=ji(j).$$

Den letzten Teil in der letzten Zeile $\{i=ji(j)\}$ werden wir meist weglassen, wenn Verwechslungen nicht zu fürchten sind. Sei also im folgenden j stets ein Element aus $\{1..b(t)\}$, i das entsprechende Element aus $\{1..c(t)\}$.

Die Verweilzeit des i-ten Auftrags im System kann zerlegt werden in die Zeit, die er in der Warteeinheit verbringt: q_i, und die Zeit, die er bedient wird: y_i.

$$w_i = q_i + y_i, \; i=1..c(t).$$

Es gilt für die Aufträge, die bis zum Zeitpunkt t bedient wurden:

$$y_i = z_j, \; j=1..b(t),$$

für den Auftrag, der zum Zeitpunkt t noch im Bediener ist (er habe die Nummer n):

$$y_n = x_n - p_n,$$

und für die anderen gilt:

$$y_{ji(j)} = 0, \; j=b(t)+1 \; .. \; c(t).$$

Da die Bedienstrategie nicht unterbrechend ist, hat der i-te Auftrag in der Warteeinheit noch x_i Zeiteinheiten Bedienung vor sich. Wir führen die folgende Grösse ein:

$v_i(s) := x_i$, falls der i-te Auftrag zum Zeitpunkt s in der Warteeinheit anwesend war.

0 sonst.

Wir schreiben für die Summe all dieser Bedienzeiten:

$$v(s) := \sum_{i=1}^{c(t)} v_i(s), \; s \in [0,t].$$

Für die anderen noch zu berücksichtigenden restlichen Bedienzeiten schreiben wir nach dem letzten Abschnitt p(s). Somit erhalten wir die Gleichheit:

$$u(s) = v(s) + p(s).$$

Aufgrund der Linearität der Mittelwerte erhalten wir für die mittlere Last:

$$U(t) = V(t) + P(t).$$

Da $v_i(s)$ gerade solange den Wert x_i hat, wie der i-te Auftrag wartet und sonst 0 ist, erhalten wir für die Wartezeit des i-ten Auftrags:

$$q_i = \frac{1}{x_i} \cdot \int_0^t v_i(s) \cdot ds, \; i=1..c(t).$$

Den Mittelwert P(t) haben wir für jedes System mit k Bedienern bereits im letzten Abschnitt berechnet. Es bleibt uns noch die Berechnung von V(t).

Dazu bestimmen wir das folgende Integral:

$$\int_0^t v(s)\cdot ds = \int_0^t \sum_{i=1}^{c(t)} v_i(s)\cdot ds = \sum_{i=1}^{c(t)} \int_0^t v_i(s)\cdot ds = \sum_{i=1}^{c(t)} q_i\cdot x_i.$$

Dieses Ergebnis fassen wir in einem Satz zusammen:

Satz 6.2.1 - Für jedes System mit nicht unterbrechender und lasterhaltender Bedienstrategie gilt:

$$\int_0^t v(s)\cdot ds = \sum_{i=1}^{c(t)} x_i\cdot q_i.$$

Dabei gibt v(s) die Summe der restlichen Bedienzeiten der wartenden Aufträge an.

Für den Mittelwert von v(s) ergibt sich mit dieser Gleichung:

$$V(t) = \frac{1}{t}\cdot \int_0^t v(s)\cdot ds = C(t)\cdot \frac{1}{c(t)}\cdot \sum_{i=1}^{c(t)} (x_i\cdot q_i).$$

Aus der Gleichung $w_i(t)=y_i(t)+q_i(t)$ folgt nach Quadrieren:

$$w_i^2 = q_i^2 + y_i^2 + 2\cdot q_i\cdot y_i \tag{6.2.2}$$

für alle Aufträge.

Ist p_i die restliche Bedienzeit des i-ten Auftrags, so ist

$$x_i = y_i + p_i. \tag{6.2.3}$$

Dem Bild 6.2.1 (siehe Seite 116) entnimmt man die Gleichung:

$$\int_0^t p(s)\cdot ds = \frac{1}{2}\cdot \sum_{j=1}^{b(t)} y_{ji(j)}^2(t) + \frac{1}{2}\cdot y_n^2 + p_n\cdot y_n, \tag{6.2.4}$$

wobei n die Nummer jenes Auftrags ist, der zum Zeitpunkt t gerade bedient wird. Sei i>b(t) die Menge aller Aufträge, die zum Zeitpunkt t noch nicht fertiggestellt wurden, d.h.:

$$i{>}b(t) = \{1..c(t)\} - ji(\{1..b(t)\}).$$

Mit dieser Notation sieht man sofort die folgenden Gleichheiten:

$$y_i = z_j \text{ und } p_i = 0 \text{ für } j=1..b(t) \tag{6.2.5}$$

$$y_i = 0 \text{ und } p_i = x_i \text{ für } i>b(t), i \neq n. \tag{6.2.6}$$

$$y_n = x_n - p_n \tag{6.2.7}$$

Dann folgt:

$$\sum_{i=1}^{c(t)} p_i \cdot \alpha_i = \sum_{i>b(t)} x_i \cdot \alpha_i - y_n \cdot \alpha_n . \tag{6.2.8}$$

Weiter erhalten wir nach (6.2.4) bis (6.2.7) die folgende Gleichung:

$$\frac{1}{2} \cdot \sum_{i=1}^{c(t)} y_i^2 = \int_0^t p(s) \cdot ds - \frac{1}{2} \cdot y_n^2 - p_n \cdot y_n + \frac{1}{2} \cdot \sum_{i>b(t)} y_i^2 =$$

$$= \int_0^t p(s) \cdot ds - \frac{1}{2} \cdot y_n^2 - p_n \cdot y_n + \frac{1}{2} \cdot y_n^2 =$$

$$= \int_0^t p(s) \cdot ds - p_n \cdot y_n . \tag{6.2.9}$$

Aus 6.2.1, 6.2.3, 6.2.8 und 6.2.9 folgt dann, wenn 6.2.2 eingesetzt wird:

$$\int_0^t v(s) \cdot ds = \sum_{i=1}^{c(t)} x_i \cdot \alpha_i = \sum_{i=1}^{c(t)} (y_i + p_i) \cdot \alpha_i =$$

$$= \sum_{i=1}^{c(t)} y_i \cdot \alpha_i + \sum_{i=1}^{c(t)} p_i \cdot \alpha_i =$$

$$= \frac{1}{2} \cdot \sum_{i=1}^{c(t)} (w_i^2 - \alpha_i^2 - y_i^2) + \sum_{i=1}^{c(t)} p_i \cdot \alpha_i =$$

$$= \frac{1}{2} \cdot \sum_{i=1}^{c(t)} (w_i^2 - \alpha_i^2) - \frac{1}{2} \cdot \sum_{i=1}^{c(t)} y_i^2 + \sum_{i=1}^{c(t)} p_i \cdot \alpha_i =$$

$$= \frac{1}{2} \cdot \sum_{i=1}^{c(t)} (w_i^2 - q_i^2) -$$

$$\int_0^t p(s) \cdot ds + p_n \cdot y_n - q_n \cdot y_n + \sum_{i>b(t)} x_i \cdot q_i =$$

$$= \frac{1}{2} \cdot \sum_{i=1}^{c(t)} (w_i^2 - q_i^2) -$$

$$\int_0^t p(s) \cdot ds + \sum_{i>b(t)} x_i \cdot q_i + y_n \cdot \{p_n - q_n\}.$$

Also folgt für die Last:

$$\int_0^t u(s) \cdot ds = \int_0^t v(s) \cdot ds + \int_0^t p(s) \cdot ds =$$

$$= \frac{1}{2} \cdot \sum_{i=1}^{c(t)} (w_i^2 - q_i^2) + \sum_{i>b(t)} q_i \cdot x_i + y_n \cdot (p_n - q_n).$$

Nach Kürzen durch t erhalten wir nach Satzes 3.3.2 das folgende Ergebnis:

Satz 6.2.10 - Sei ein System gegeben mit lasterhaltender und nicht unterbrechender Bedienstrategie. Sei:

$$0 \leq d := 2 \cdot \frac{\sum_{i>b(t)} q_i \cdot x_i + y_n \cdot \{p_n - q_n\}}{t \cdot C(t) \cdot \{\overline{\overline{w^2}}(t) - \overline{\overline{q^2}}(t)\}} < 1, \qquad (6.2.10.1)$$

so erhalten wir:

$$(d{:}t) \quad \frac{1}{2} \cdot C(t) \cdot \{\overline{\overline{w^2}}(t) - \overline{\overline{q^2}}(t)\} \;\rightarrow\; U(t).$$

Es zeigt sich somit, dass die mittlere Last bei Systemen im Gleichgewicht nur von der Differenz der zweiten Momente der Verweilzeiten und Wartezeiten in dem System sowie der Verweilrate abhängt.

Da bei 1-Bedienersystemen die mittlere Last U(s), genau wie die Last u(s), eine von der Bedienstrategie unabhängige Grösse ist, zeigt sich, dass mit d-Genauigkeit die Differenz der zweiten Momente von Verweilzeit und Wartezeit ebenfalls nicht von der Bedienstrategie abhängt. Dieses gilt sogar exakt, wenn das System am Ende zum Zeitpunkt t leer ist, wie man leicht nachprüft.

Wir wollen hier noch kurz abschätzen wie gross die Differenz

$$\overline{w^2}(t) - \overline{q^2}(t)$$

im Nenner des Bruchs 6.2.10.1 für die Genauigkeit im letzten Satz ungefähr sein wird. Wegen

$$w_i(t) = q_i(t) + y_i(t)$$

für alle Aufträge, die je im System waren, erhalten wir nach Quadrieren:

$$w_i^2 - q_i^2 = y_i^2 + 2\cdot y_i \cdot q_i,$$

oder nach Mittelung:

$$\overline{w^2} - \overline{q^2} = \overline{y^2} + 2\cdot \overline{y\cdot q}.$$

Befindet sich das System im d-Flussgleichgewicht 2. Ordnung, so folgt wegen:

$$(d:t) \quad \overline{y^2}(t) \quad -> \quad \overline{x^2}(t)$$

nach Satz 3.1.5.1:

$$\overline{w^2}(t) - \overline{q^2}(t) \geq \overline{y^2}(t) \geq \{1-d\}\cdot\overline{x^2}(t),$$

so dass bei kleinem d die Differenz im Nenner von 6.2.10.1 immer noch mindestens von der Grössenordnung $\overline{x^2}(t)$ ist.

6.3 Mittlere Wartezeit bei Poisson-Zugangsprozess.

Es soll hier die sogenannte Pollaczek-Khinchin-Mittelwertformel (P-K-Formel) hergeleitet werden. Sie gilt in der Terminologie stochastischer Prozesse für M/G/1-Systeme, d.h. für ein 1-Bedienersystem mit Poisson-Zugangsprozess. Wie bereits in Abschnitt 3.3 bemerkt, sondern Poisson-Ereignisprozesse eine repräsentative Stichprobe aus einer Menge von Zeitpunkten aus. Genau diese Eigenschaft werden wir hier verwenden. Als weitere Eigenschaft werden wir benötigen, dass die Wartezeit eines Auftrags nicht von seiner Bedienzeit abhängt. Dieses ist häufig dann der Fall, wenn die Bedienstrategie nicht von der Bedienzeit der Aufträge abhängt und nicht verdrängt.

Wir definieren zunächst die folgenden Grössen:

$a_{ij} = 1$ falls bei Ankunft des i-ten Auftrags im System der j-te Auftrag dort in der Warteeinheit wartet.

0 sonst.

Dann erhalten wir:

$$e_j := \sum_i a_{ij}$$

ist die Zahl von Aufträgen, die im System eintrafen, während der j-te Auftrag dort wartete, und

$$n_i := \sum_j a_{ij}$$

ist die Zahl von Aufträgen, die im System warteten, als der i-te Auftrag dort eintraf.

Wir betrachten wieder c(t) Aufträge, und erhalten dann:

$$E(t) = \frac{1}{c(t)} \cdot \sum_j e_j = \frac{1}{c(t)} \cdot \sum_j \sum_i a_{ij} =$$

$$= \frac{1}{c(t)} \cdot \sum_i \sum_j a_{ij} = \frac{1}{c(t)} \cdot \sum_i n_i = N(t).$$

Das ergibt den folgenden Satz:

Satz 6.3.1 - Für jedes System gilt:

Die mittlere Zahl von Aufträgen N(t), die bei Ankunft eines Auftrags im System dort warten, ist gleich der mittleren Zahl von Aufträgen E(t), die während des Wartens eines Auftrags im System eintreffen.

$$E(t) = N(t)$$

Wir betrachten eine Bedienstrategie, die die Aufträge in der Reihenfolge ihres Eintreffens bedient (FCFS-Strategie). Für die Wartezeit des i-ten Auftrags gilt dann:

$$q_i = \sum_j a_{ij} \cdot y_j + p_i,$$

wobei p_i die restliche Bedienzeit des gerade in Bedienung befindlichen Auftrags angibt.

Für die mittlere Wartezeit des i-ten Auftrags erhalten wir somit:

$$Q(t) = \frac{1}{c(t)} \cdot \sum_{i=1}^{c(t)} q_i =$$

$$= \frac{1}{c(t)} \cdot \sum_{i=1}^{c(t)} \left(\sum_{j=1}^{c(t)} a_{ij} \cdot y_j + p_i\right) =$$

$$= \frac{1}{c(t)} \cdot \sum_{i=1}^{c(t)} \sum_{j=1}^{c(t)} a_{ij} \cdot y_j + \frac{1}{c(t)} \cdot \sum_{i=1}^{c(t)} p_i =$$

$$= \frac{1}{c(t)} \cdot \sum_{j=1}^{c(t)} \sum_{i=1}^{c(t)} a_{ij} \cdot y_j + \frac{1}{c(t)} \cdot \sum_{i=1}^{c(t)} p_i =$$

$$= \frac{1}{c(t)} \cdot \sum_{j=1}^{c(t)} y_j \cdot \sum_{i=1}^{c(t)} a_{ij} + \frac{1}{c(t)} \cdot \sum_{i=1}^{c(t)} p_i =$$

$$= \frac{1}{c(t)} \cdot \sum_{j=1}^{c(t)} y_j \cdot e_j + \frac{1}{c(t)} \cdot \sum_{i=1}^{c(t)} p_i. \qquad (6.3.2)$$

Wir betrachten zunächst die erste Summe. Ist die Bedienzeit des i-ten Auftrags d-unabhängig von der Zahl von Aufträgen, die während seines Wartens im System dort eintreffen, so gilt nach Definition der d-Unabhängigkeit:

$$(d{:}t) \quad \sum_{j=1}^{c(t)} y_j \cdot e_j \;\text{->}\; Y(t) \cdot \sum_{j=1}^{c(t)} e_j = Y(t) \cdot \sum_{j=1}^{c(t)} n_j, \qquad (6.3.3)$$

wobei die letzte Gleichheit aufgrund des Satzes 6.3.1 gilt.

Wir nehmen jetzt an, dass der Zugangsprozess aus der Menge [0,t] eine bezüglich der Füllung der Warteeinheit d'-repräsentative Stichprobe T aussondert. Aus Satz 3.4.7 folgt, dass dieses bereits gilt, wenn der Zugangsprozess d-homogen ist. Sei $t_j \in T$ und n_j die Füllung der Warteeinheit zur Zeit t_j. Dann erhalten wir:

$$(d':t) \quad \sum_{t_i \in T} n_j \quad \rightarrow \quad |T| \cdot N_q(t) = c(t) \cdot N_q(t),$$

wobei $N_q(t)$ die mittlere Füllung der Warteeinheit ist.

Wir können die letzte Formel mit der Konstanten $\frac{Y(t)}{c(t)}$ erweitern und erhalten:

$$(d':t) \quad \frac{Y(t)}{c(t)} \cdot \sum_{t_i \in T} n_j \quad \rightarrow \quad Y(t) \cdot N_q(t). \qquad (6.3.4)$$

Aufgrund des Satzes 3.2.9 erhalten wir dann aus den Formeln 6.3.3 und 6.3.4 nach Substitution:

$$(d+d'+d\cdot d':t) \quad \frac{1}{c(t)} \cdot \sum_{i=1}^{c(t)} y_i \cdot e_i \quad \rightarrow \quad Y(t) \cdot N_q(t). \qquad (6.3.5)$$

Der zweite Summand der Gleichung 6.3.2 summiert die restlichen Bedienzeiten aller Aufträge, die während des Eintreffens eines Auftrags in der Bedienstation gerade in Bedienung sind. Sondern die Zeitpunkte, an denen Aufträge in das System eintreten, eine d"-repräsentative Stichprobe der restlichen Bedienzeiten p_i aus, so gilt nach Definition 3.4.5:

$$(d'':t) \quad \sum_{t_i \in T} p_i \quad \rightarrow \quad c(t) \cdot P(t). \qquad (6.3.6)$$

Nun sind alle hier betrachteten Grössen nicht negativ. Nach Satz 3.3.3.1 folgt aus (6.3.5) und (6.3.6), falls noch:

$$D := \max(d+d'+d\cdot d', d'')$$

gesetzt wird und $D < 1$ ist:

$$(D:t) \quad Q(t) = \frac{1}{c(t)} \cdot \sum_{i=1}^{c(t)} y_i \cdot e_i + \frac{1}{c(t)} \cdot \sum_{i=1}^{c(t)} p_i \to$$

$$\to N_q(t) \cdot Y(t) + P(t).$$

Mit Littles Gesetz, dass ja exakt gilt, erhalten wir nach Satz 4.2.1:

$$(D:t) \quad Q(t) \to Q(t) \cdot C(t) \cdot Y(t) + P(t) =$$

$$= Q(t) \cdot \varepsilon(t) + P(t).$$

Nach Satz 3.5.3 folgt dann:

$$\left(\frac{D}{1-\varepsilon(t)}:t\right) \quad Q(t) \to \frac{P(t)}{1-\varepsilon(t)}.$$

Dieses Ergebnis fassen wir noch einmal in einem Satz zusammen.

Satz 6.3.7 - Für jedes System mit einem Bediener und nicht unterbrechender FCFS-Bedienstrategie, für das gilt:

1. Die Zahl von Aufträgen, die in dem System eintreffen, während ein Auftrag dort wartet, ist d-unabhängig von der Bedienzeit dieses wartenden Auftrags.

2. Der Zugangsprozess ist d'-homogen.

3. Der Zugangsprozess sondert eine d"-repräsentative Stichprobe der restlichen Bedienzeit des Auftrags in Bedienung aus.

4. $$\varepsilon(t) < 1.$$

5. $$D := \max(d+d'+d \cdot d', d'') < 1 - \varepsilon(t).$$

Dann folgt:

$$\left(\frac{D}{1-\varepsilon(t)}:t\right) \quad Q(t) \to \frac{P(t)}{1-\varepsilon(t)}.$$

Soll für P(t) der Ausdruck gemäss Abschnitt 6.1 eingesetzt werden, so ist die neue Genauigkeit nach dem Satz 3.2.9 über die Substitution zu berechnen.

Es zeigt sich also, dass die Genauigkeit, mit der die P-K-Mittelwertformel gilt, abhängt von der Genauigkeit, mit der die Annahmen über die Unabhängigkeit und die Repräsentativität gelten. Gelten alle exakt, also mit 0-Genauigkeit, so ist auch d=d'=d"=0, und damit auch D=0. Dann gilt die P-K-Formel ebenfalls mit 0-Genauigkeit.

Gelten diese Voraussetzungen jedoch nicht mit 0-Genauigkeit, so zeigt die obige Formel noch eine Besonderheit. Die Genauigkeit hängt dann ab von der Auslastung des Systems. Um so grösser die Auslastung des Systems wird, um so weniger genaue Aussagen kann man über die mittlere Wartezeit machen.

Da unsere Untersuchungen nur den schlechtesten Fall betreffen, wirft sich die Frage auf, ob die P-K-Formel tatsächlich schlechtere Ergebnisse liefert, wenn die Auslastung zunimmt. Dieses wird im Abschitt 8.3 untersucht.

Die Einschränkung des letzten Satzes, nur für FCFS-Bedienstrategien zu gelten, kann weitgehend fallengelassen werden. Im Abschnitt 7.1 werden wir nämlich zeigen, dass (mit einer entsprechenden Genauigkeit) die Wartezeiten zu verschiedenen Bedienstrategien sich nicht unterscheiden, solange die Strategien alle die Last erhalten, nicht unterbrechen und nicht von der Bedienzeit der Aufträge abhängen. Da dieses für FCFS gilt, ergibt sich für andere Strategien (z.B. LCFS, RANDOM) die mittlere Wartezeit ebenfalls aus der P-K-Formel.

Der Herleitung des letzten Satzes kann man noch eine wichtige Eigenschaft entnehmen. Kommt ein Auftrag im System an, so ist seine Wartezeit (bei FCFS-Bedienung) gerade die in dem Augenblick im System anstehende Last. Daher haben die mittlere Wartezeit und das 'Stichprobenmittel' für die Last numerisch den gleichen Wert. Zieht daher der Zugangsprozess mit hinreichender Genauigkeit eine repräsentative Stichprobe aus der Last des Systems, so kann in der P-K-Formel die mittlere Wartezeit durch die mittlere Last ersetzt werden. Genauer gilt folgendes:

$$(d:t) \quad \sum_{t_i \in T} u(t_i) \quad -> \quad |T| \cdot U(t), \tag{6.3.8}$$

wobei T die Menge der Zugangszeitpunkte ist. Die Aufträge, die zum Zeitpunkt 0 bereits im System sind, haben dabei den Zugangszeitpunkt $t_i=0$. Es folgt aufgrund des eben Gesagten:

$$u(t_i) = q_i \text{ für alle Aufträge } i \in \{1..c(t)\}.$$

Somit erhalten wir:

Satz 6.3.9 - Zieht der Zugangsprozess eine d-repräsentative Stichprobe für die Last, so folgt:

$$(d:t) \quad Q(t) \quad -> \quad U(t).$$

Beweis - Es ist $|T|=c(t)$, so dass:

$$\frac{1}{|T|} \cdot \sum_{t_i \in T} u(t_i) = \frac{1}{c(t)} \cdot \sum_{i=1}^{c(t)} q_i = Q(t),$$

woraus nach (6.3.8) die Behauptung folgt.

Nach Satz 3.2.9 über die Substitution und nach Satz 3.1.5.2 über die Vertauschung kann dieses in die P-K-Formel eingesetzt werden kann, so dass diese auch für die Last statt der Wartezeit gilt:

Korollar 6.3.10 - Zieht der Zugangsprozess eine d-repräsentative Stichprobe für die mittlere Last U(t), so folgt, falls:

$$D' := \frac{d + D - d \cdot \varepsilon}{(1-d) \cdot (1-\varepsilon)} < 1,$$

wobei D im Satz 6.3.7 definiert ist:

$$(D':t) \quad U(t) \; -> \; \frac{P(t)}{1-\varepsilon(t)}$$

Dieses Ergebnis findet im Abschnitt 7.2 noch ein konkrete Anwendung.

6.4 Eine allgemeine Formel fuer die mittlere Wartezeit.

In diesem Abschnitt wird eine allgemeine Formel hergeleitet, aus der man die mittlere Wartezeit berechnen kann. Sie hat dabei weniger einschränkende Voraussetzungen als die P-K-Formel, wird jedoch auch entsprechend komplizierter.

Die Herleitung ist ähnlich der bei (/Klein76/-Abschnitt 2.2), der als Bezugsquelle Kingman angibt. Allerdings werden wir eine Angabe über den verbleibenden Fehler machen können. Bezüglich der Notation und Definition von Ankunftszeitpunkten und Zwischenankunftszeiten verweisen wir auf den Abschnitt 4.3.

Wir nehmen an, dass die Aufträge in der Reihenfolge ihres Eintreffens in das System bedient werden. Wie bereits früher festgestellt, ist dieses keine grosse Einschränkung, da, wie im Abschnitt 7.1 gezeigt, die mittlere Wartezeit für alle lasterhaltenden, nicht unterbrechenden und nicht von der Bedienzeit abhängenden Strategien gleich ist.

Aufgrund dieser FCFS-Bedienstrategie hat der erste Auftrag stets die Wartezeit 0. Die Wartezeit des i-ten Auftrags beträgt höchstens $t-t_i$:

$$q_1 = 0, \; q_i \leq t-t_i. \qquad (6.4.1)$$

Die Wartezeit eines Auftrags kann nicht negativ werden. Da die Aufträge in der Reihenfolge ihres Eintreffens in das System bedient werden, müsste der (i+1)-te Auftrag, käme er unmittelbar nach dem i-ten Auftrag in das System, gerade q_i+x_i Zeiteinheiten warten. Da er jedoch s_i Zeiteinheiten später eintrifft, muss er gerade $q_i+x_i-s_i$ Zeiteinheiten warten, falls dieser Ausdruck positiv ist. Da die maximale Wartezeit des i-ten Auftrags $t-t_i$ Zeiteinheiten ist, erhalten wir insgesamt:

Hilfssatz 6.4.2 - Die Wartezeit des (i+1)-ten Auftrags beträgt $(q_i+x_i-s_i)$ Zeiteinheiten, falls dieser Ausdruck positiv ist und nicht grösser als $t-t_{i+1}$. Ist er grösser, so beträgt die Wartezeit $t-t_{i+1}$ Zeiteinheiten, ist er negativ, so beträgt die Wartezeit 0 Zeiteinheiten, in Formel:

$$q_{i+1} = \max(0,\min(t-t_{i+1},q_i+x_i-s_i)).$$

Wir definieren noch:

$$u_i := x_i - s_i,$$

(wobei dieses u_i nichts mit der Restbedienzeit zu tun hat) und erhalten dann aus dem letzten Hilfssatz:

$$q_{i+1} = \max(0,\min(t-t_{i+1},q_i+u_i)) =: (q_i+).$$

Wir zerlegen jetzt den Ausdruck q_i+u_i in drei Teile:

$$(q_i-) := \max(0,-(q_i+u_i)).$$

$$(q_i>) := \max(0,q_i+u_i-(t-t_{i+1})).$$

und erhalten dann:

$$q_i + u_i = (q_i+) + (q_i>) - (q_i-). \tag{6.4.3}$$

Dieses folgt durch Untersuchung dreier verschiedener Fälle, nämlich:

$$q_i + u_i < 0$$

und

$$t - t_{i+1} \geq q_i + u_i \geq 0$$

und

$$q_i + u_i \geq t - t_{i+1} \geq 0.$$

Die Notation (q_i+) soll die Schreibung etwas erleichtern und Formeln lesbarer machen. Eine ähnliche Schreibweise hat sich in dieser Algebra für Wartesysteme eingebürgert. Siehe hierzu /Klein76/.

Als erstes untersuchen wir die Grösse (q_i+). Zunächst wissen wir, dass

$$(q_{c(t)}+) = \max(0, \min(t-t_{c(t)+1}, q_{c(t)}+u_{c(t)})),$$

und nach Definition von $s_{c(t)}$ im Abschnitt 4.3:

$$t_{c(t)+1} = t_{c(t)} + s_{c(t)} = t + t_1 \geq t,$$

Aus beiden folgt:

$$(q_{c(t)}+) = 0.$$

Dann erhalten wir für die k-ten Momente von (q_i+):

$$c(t) \cdot \overline{q^k}(t) = \sum_{i=1}^{c(t)} q_i^k = q_1^k + \sum_{i=1}^{c(t)-1} q_{i+1}^k =$$

$$= q_1^k + \sum_{i=1}^{c(t)-1} (q_i+)^k =$$

$$= \sum_{i=1}^{c(t)} (q_i+)^k + q_1^k - (q_{c(t)}+)^k$$

$$= \sum_{i=1}^{c(t)} (q_i+)^k,$$

und damit folgt für die ersten beiden Momente und die Varianz der Wartezeit nach Satz 2.3.2.1:

Satz 6.4.4 -

$$Q(t) = \overline{(q+)}.$$

$$\overline{q^2} = \overline{(q+)^2}.$$

$$V(q) = V(q+).$$

Als zweites wollen wir uns mit der Grösse u_i beschäftigen. Für den Mittelwert ergibt sich nach Satz 4.3.1 (da u_i die gleiche Indexmenge hat wie x_i und s_i, nämlich $\{1..c(t)\}$):

Satz 6.4.5 -

$$U(t) = -S(t) \cdot \{1 - \rho(t)\}.$$

Beweis -

$$U(t) = X(t) - S(t) = x(t)/c(t) - t/c(t) =$$

$$= t/c(t) \cdot \{x(t)/t - 1\} = -\{1 - \rho(t)\}/C(t) =$$

$$= -S(t) \cdot \{1 - \rho(t)\}.$$

Weitere Momente von u_i interessieren uns im folgenden nicht.

Als drittes betrachten wir die Grösse $(q_i>)$. Das >-Zeichen soll dabei mnemotechnisch andeuten, dass hier die Grenze t überschritten wurde.

Aus der Definition von $(q_i>)$ und wegen $t_{i+1}=t_i+s_i$ und $u_i=x_i-s_i$ folgt:

$$\begin{aligned}(q_i>) &= \max(\ 0\ ,\ q_i + u_i - \{t-t_{i+1}\}) = \\ &= \max(\ 0\ ,\ q_i + x_i - s_i - t + t_i + s_i) = \\ &= \max(\ 0\ ,\ q_i + x_i + t_i - t).\end{aligned}$$

Da $t_i+q_i+x_i$ die Zeit angibt, zu der der i-te Auftrag das System verlässt, folgt:

Satz 6.4.6 - Sei

$$n := c(t) - n(t) + 1 = b(t) + 1$$

die Nummer des Auftrags, der zum Zeitpunkt t bedient wird. Dann gilt:

$$\begin{aligned}(q_i>) &= 0 \qquad\quad , i = 1\ ..\ n-1. \\ (q_n>) &= x_n - y_n,\ i = n, \\ (q_i>) &= x_i, \qquad\quad i = n+1\ ..\ c(t).\end{aligned}$$

Ist das System zum Zeitpunkt t leer, so ist $b(t)=c(t)$, also $(q_i>)=0$ für $i=1..c(t)$.

Ist $n(t) \neq 0$, so bilden wir die Differenz:

$$\sum_{i=1}^{c(t)} x_i^k - \sum_{i=1}^{b(t)} z_i^k .$$

Es bleibt offenbar gerade die Summe der k-ten Potenzen jener Aufträge zurück, die zum Zeitpunkt t noch im System sind. Für jeden dieser Aufträge ist

$$(q_i>) \leq x_i ,$$

und da die restlichen $(q_i>)$ den Wert 0 haben, erhalten wir:

$$\sum_{i=1}^{c(t)} (q_i>)^k \leq \sum_{i=1}^{c(t)} x_i^k - \sum_{i=1}^{b(t)} z_i^k .$$

Befindet sich das System im d-Flussgleichgewicht k-ter Ordnung, so gilt:

$$\left|\sum_{i=1}^{c(t)} x_i^k - \sum_{i=1}^{b(t)} z_i^k\right| \leq d \cdot \left|\sum_{i=1}^{c(t)} x_i^k\right| ,$$

und damit erhalten wird nach Kürzen durch c(t):

$$\overline{(q>)^k} \leq d \cdot \overline{x^k} .$$

Daraus ergibt sich der folgende Satz:

Satz 6.4.7 - Befindet sich ein System im d-Flussgleichgewicht k-ter Ordnung, so gilt für das k-te Moment von $(q_i>)$:

$$\overline{(q>)^k} \leq d \cdot \overline{x^k} .$$

Wir konnten also zeigen, dass die Momente der Zählgrösse $(q_i>)$, die bei der klassischen Herleitung der allgemeinen Wartezeitformel nicht betrachtet werden /Klein76/, in Systemen im Flussgleichgewicht hinreichend klein gehalten werden können.

Aus (6.4.3) folgt einfach, nach Mittelwertbildung und nach Satz 6.4.4:

$$Q(t) + U(t) = \overline{(q+)} + \overline{(q>)} - \overline{(q-)} = Q(t) + \overline{(q>)} - \overline{(q-)} . \qquad (6.4.8)$$

Also folgt:

$$\overline{(q-)} = \overline{(q>)} - U(t). \tag{6.4.9}$$

Um die Varianz von $(q_i>)$ herzuleiten, müssen wir uns zunächst die Bedeutung von $(q_i>)$ überlegen.

Diese Grösse ist nur dann von 0 verschieden, wenn

$$q_i + x_i - s_i < 0,$$

und ihr Wert ist dann der Betrag von $q_i+x_i-s_i$. Da $s_i=t_{i+1}-t_i$, folgt:

$$q_i + x_i - s_i = t_i + q_i + x_i - t_{i+1}.$$

Da $t_i+q_i+x_i$ gerade der Zeitpunkt ist, an dem der i-te Auftrag das System verliess, gibt (q_i-) gerade die Zeit an, die das System leer war, nachdem der i-te Auftrag es verliess und bevor der (i+1)-te Auftrag es betrat. Also ist (q_i-) gerade die Leerzeit des Systems nach Verlassen des Systems durch den i-ten Auftrag. Daher kann (q_i-) als Leerphasendauer betrachtet werden (die 0 ist, wenn der (i+1)-te Auftrag beim Eintreffen in das System dort andere Aufträge wartend oder in der Bearbeitung vorfindet).

Für die Momente von (q_i-) erhalten wir dann:

$$\overline{(q-)^k} = \frac{1}{c(t)} \cdot \sum_{i=1}^{c(t)} (q_i-)^k = \frac{1}{c(t)} \cdot \sum_{j=1}^{m(t)} i_j^k(t) = \frac{m(t)}{c(t)} \cdot \overline{i^k}(t). \tag{6.4.10}$$

$$\overline{(q-)} = \frac{m(t)}{c(t)} \cdot I(t). \tag{6.4.11}$$

Dabei ist m(t) die Zahl der Leerphasen im Zeitraum [0,t], $i_j(t)$ die Dauer der j-ten Leerphase und I(t) deren Mittelwert (siehe hierzu Abschnitt 4.3). Die zweite Gleichheit gilt offenbar, weil alle rechts nicht vorkommenden (q_i-) den Wert 0 haben.

Im Abschnitt 4.3 wurde gezeigt, dass

$$\sum_{i=1}^{m(t)} o_i(t) = t - y(t).$$

Also folgt aus (6.4.11) nach Satz 4.3.1:

$$\overline{(q-)} = \frac{1}{c(t)} \cdot \{t - y(t)\} =$$

$$= \frac{t}{c(t)} \cdot \{1 - \frac{y(t)}{t}\} = S(t) \cdot [1-\varepsilon(t)]. \qquad (6.4.12)$$

Nach Kürzen durch I(t) folgt aus (6.4.11) und (6.4.12):

$$\frac{\overline{(q-)}}{I(t)} = \frac{m(t)}{c(t)} = \frac{S(t)}{I(t)} \cdot [1-\varepsilon(t)].$$

Durch Einsetzen der letzten Gleichung in (6.4.10) für k=2 ergibt sich somit:

$$\overline{(q-)^2} = \overline{i^2} \cdot \frac{S(t)}{I(t)} \cdot [1-\varepsilon(t)]. \qquad (6.4.13)$$

Für die Varianz erhalten wir dann:

$$V(q-) = \overline{(q-)^2} - \overline{(q-)}^2 = \overline{i^2} \cdot \frac{S}{I} \cdot [1-\varepsilon] - S^2 \cdot [1-\varepsilon]^2 =$$

$$= S(t) \cdot [1-\varepsilon(t)] \cdot [\frac{\overline{i^2}(t)}{I(t)} - S(t) \cdot \{1-\varepsilon(t)\}]. \qquad (6.4.14)$$

Es ist also plausibel anzunehmen, dass für grosse Auslastungen des Systems (also $\varepsilon(t)$ nahezu 1) auch die Varianz V(q-) entsprechend klein wird.

Aus der Definition von (q_i+), (q_i-) und $(q_i>)$ ersieht man sofort die folgenden Zusammenhänge:

$$(q_i+) \cdot (q_i-) = (q_i>) \cdot (q_i-) = 0.$$

Damit folgt dann für das Quadrat von q_i+u_i:

$$(q_i + u_i)^2 = (q_i+)^2 + (q_i>)^2 + (q_i-)^2 +$$

$$+ 2 \cdot \{(q_i+) \cdot (q_i>) - (q_i+) \cdot (q_i-)$$

$$- (q_i>) \cdot (q_i-)\} =$$

$$= (q_i+)^2 + (q_i>)^2 + (q_i-)^2 + 2 \cdot (q_i+) \cdot (q_i>).$$

Daraus folgt dann für die zweiten Momente:

$$\overline{(q+u)^2} = \overline{(q+)^2} + \overline{(q>)^2} + \overline{(q-)^2} + 2\cdot\overline{(q+)\cdot(q>)}. \qquad (6.4.15)$$

Für die Varianz erhalten wir aus der Formel 1 des Satzes 2.3.2 sowie aus (6.4.8) und (6.4.15):

$$V(q+u) = V(q+) + V(q>) + V(q-) + 2\cdot\overline{(q+)\cdot(q>)} -$$

$$2\cdot\{\overline{(q+)}\cdot\overline{(q>)} - \overline{(q+)}\cdot\overline{(q-)} - \overline{(q>)}\cdot\overline{(q-)}\} =$$

$$= V(q+) + V(q-) + 2\cdot\overline{(q+)}\cdot\overline{(q-)} +$$

$$+ V(q>) + 2\cdot\{\overline{(q+)\cdot(q>)} - \overline{(q+)}\cdot\overline{(q>)} + \overline{(q>)}\cdot\overline{(q-)}\}.$$

Da in der letzten Zeile nur Momente der Grösse $(q_i>)$ vorkommen, können wir nach Satz 6.4.7 annehmen, dass der Wert der letzten Zeile bei Systemen im Flussgleichgewicht hinreichend klein wird.

Nach Satz 2.3.2.3 und 2.3.2.4 können wir wegen $u_i=x_i-s_i$ $V(q+u)$ noch anders berechnen:

$$V(q+u) = V(q) + V(u) + [q\cdot u] =$$

$$= V(q) + V(x) + V(s) + [q\cdot u] - [x\cdot s].$$

Eliminieren wir jetzt aus den letzten beiden Gleichungen die nicht interessierende Grösse $V(q+u)$, so erhalten wir mit den bereits hergeleiteten Gleichheiten des Satzes 6.4.4, also

$$\overline{(q+)} = Q(t) \text{ und } V(q+) = V(q)$$

die folgende Beziehung:

$$V(x) + V(s) + [q\cdot u] - [x\cdot s] =$$

$$= V(q-) + 2\cdot Q(t)\cdot\overline{(q-)} +$$

$$+ V(q>) + 2\cdot\{\overline{(q+)\cdot(q>)} - \overline{(q+)}\cdot\overline{(q>)} + \overline{(q>)}\cdot\overline{(q-)}\} =$$

$$= V(q-) + 2\cdot Q(t)\cdot\overline{(q-)}(t) + R', \qquad (6.4.16)$$

wobei

$$R' = V(q>) + 2\cdot\{\overline{(q+)\cdot(q>)} + \overline{(q>)}\cdot\overline{(q-)} - \overline{(q+)}\cdot\overline{(q-)}\}$$

in Systemen im Flussgleichgewicht und bei hinreichend grossem c(t) i.allg. sehr klein wird.

Nach (6.4.9) gilt:

$$\overline{(q-)} = \overline{(q>)} - U(t).$$

Wegen $U(t)=-S(t)\cdot\{1-\varrho(t)\}$ nach Satz 6.4.5 folgt:

$$\overline{(q-)} = \overline{(q>)} + S(t)\cdot\{1-\varrho(t)\}.$$

Setzen wir dieses in 6.4.16 ein, so folgt nach Auflösen nach Q(t):

$$Q(t) = \frac{V(x) + V(s) - V(q-) - [x\cdot s] + [q\cdot u] - R}{2 \cdot S(t) \cdot [1-\varrho(t)]}, \qquad (6.4.17)$$

wobei:

$$R = V(q>) + 2\cdot\{\overline{(q+)\cdot(q>)} + \overline{(q>)}\cdot\overline{(q-)} - \overline{(q+)}\cdot\overline{(q-)} + \overline{(q+)}\cdot\overline{(q>)}\}$$

Nach (6.4.12) kann für $\overline{(q-)}$ aber auch geschrieben werden:

$$\overline{(q-)} = S(t) \cdot \{1-\varepsilon(t)\}.$$

Setzen wir dieses in (6.4.16) ein, so folgt mit obigem R' für Q(t):

$$Q(t) = \frac{V(x) + V(s) - V(q-) - [x\cdot s] + [q\cdot u] - R'}{2 \cdot S(t) \cdot [1-\varepsilon(t)]}, \qquad (6.4.18)$$

Es gibt jetzt zwei Möglichkeiten, (6.4.17) zu interpretieren. Wissen wir, dass die letzten vier Summanden im Zähler der Formel 6.4.17 betragsmässig klein sind im Vergleich zu V(x)+V(s), so erhalten wir den folgenden Satz:

Satz 6.4.19 - Sei

$$d := \frac{|V(q-)+[x\cdot s]-[q\cdot u]+R|}{|V(x)+V(s)|} < 1,$$

so folgt:

$$(d{:}t) \quad \frac{V(x) + V(s)}{2 \cdot S(t) \cdot [1-\varrho(t)]} \to Q(t).$$

Beweis - Aus der Formel 6.4.17 folgt nach Erweitern mit $2\cdot S(t)\cdot[1-\varrho(t)]$:

$$V(x) + V(s) =$$

$$= 2\cdot Q(t)\cdot S(t)\cdot[1-\varrho(t)] + V(q-) + [x\cdot s] - [q\cdot u] + R,$$

woraus nach Satz 3.3.2 folgt:

$$(d:t) \quad V(x) + V(s) \;\to\; 2 \cdot O(t) \cdot S(t) \cdot [1-\varrho(t)].$$

Nach Kürzen erhalten wir dann die gesuchte Behauptung.

Können wir in der Formel 6.4.17 nur annehmen, dass der Betrag von $[x\cdot s]-[q\ u]+R$ klein ist im Vergleich zu $V(x)+V(s)-V(q-)$, so beweist man analog wie im letzten Satz:

Satz 6.4.20 - Sei

$$d := \frac{|[x\cdot s] - [q\cdot u] + R|}{|V(x)+V(s)-V(q-)|} < 1,$$

so folgt:

$$(d:t) \quad \frac{V(x) + V(s) - V(q-)}{2 \cdot S(t) \cdot [1-\varrho(t)]} \;\to\; O(t).$$

Im folgenden sollen einige Betrachtungen über die Genauigkeiten durchgeführt werden, die in den letzten Sätzen vorkommen.

Wir beschäftigen uns zunächst mit der Genauigkeit im Satz 6.4.20 Um das dort definierte d abzuschätzen, ist zu untersuchen, wie sich der Betrag von $[x\cdot s]-[q\cdot u]+R$ im Vergleich zu der Summe $\{V(x)+V(s)-V(q-)\}$ verhält.

Sind etwa x_i und s_i d'-unabhängig, so gilt:

$$(d':t) \quad \sum_{i=1}^{c(t)} x_i\cdot s_i \;\to\; X(t) \cdot \sum_{i=1}^{c(t)} s_i,$$

oder gleichbedeutend:

$$\left|\sum_{i=1}^{c(t)} x_i\cdot s_i - X(t)\cdot\sum_{i=1}^{c(t)} s_i\right| \le d'\cdot\left|\sum_{i=1}^{c(t)} x_i\cdot s_i\right|,$$

oder nach Kürzen durch c(t):

$$|\overline{x\cdot s} - X(t)\cdot S(t)| \le d'\cdot|\overline{x\cdot s}|.$$

Nun war $[x\cdot s]$ nach Satz 2.3.1.1 definiert als:

$$[x\cdot s] = 2\cdot\{\overline{x\cdot s} - X(t)\cdot S(t)\},$$

so dass folgt:

$$|[x\cdot s]| \le d' \cdot 2 \cdot |\overline{x\cdot s}|.$$

Analog erhalten wir, falls q_i und u_i d"-unabhängig sind:

$$|[q \cdot u]| \leq d'' \cdot 2 \cdot |\overline{q \cdot u}|.$$

Somit stehen im Zähler der Formel für die Genauigkeit d in Satz 6.4.20 die Faktoren d' bzw. d". Ist das System im e-Flussgleichgewicht, so ist R offenbar durch e beschränkt. Also sind alle Terme im Zähler von (6.4.20) durch die Faktoren e, d' und d" beschränkt. Sind e, d' und d" alle 0, d.h. sind x_i und s_i sowie q_i und u_i mit 0-Genauigkeit voneinander unabhängig, und ist das System zum Zeitpunkt t leer, so gilt im Satz 6.4.20 statt der Angleichung die Gleichheit.

Wir wollen dieses Ergebnis in einem Satz festhalten:

Satz 6.4.21 - Sind x_i und s_i d'-unabhängig im Zeitpunkt t und q_i und u_i d"-unabhängig im Zeitpunkt t, so folgt für die Genauigkeit d des Satzes 6.4.20:

$$d \leq \frac{d' \cdot \overline{x \cdot s} + d'' \cdot |\overline{q \cdot u}| + |R|}{V(x)+V(s)-V(q-)}.$$

Beweis - Da weder x_i noch s_i negativ werden können, ist auch $\overline{x \cdot s}$ stets nicht negativ. Allerdings kann u_i negativ werden, so dass nicht auszuschliessen ist, dass $\overline{q \cdot u}$ negativ wird. Mit dieser Kenntnis und der Dreiecksungleichung können wir dann abschätzen:

$$|[x \cdot s]-[q \cdot u]+R| \leq |[x \cdot s]|+|[q \cdot u]|+|R| \leq$$

$$\leq d' \cdot \overline{x \cdot s} + d'' \cdot |\overline{q \cdot u}| + |R|.$$

Durch Einsetzen von d nach Satz 6.4.20 erhalten wir die gesuchte Behauptung.

Der Fehler des Satzes 6.4.19 kann auf ähnliche Weise berechnet werden wie der Fehler im Satz 6.4.20. Es folgt:

Satz 6.4.22 - Sind x_i und s_i d'-unabhängig zur Zeit t und q_i und u_i d"-unabhängig zur Zeit t, dann folgt fuer d in Satz 6.4.19:

$$d \leq \frac{d' \cdot \overline{x \cdot s} + d'' \cdot |\overline{q \cdot u}| + |R| + V(q-)}{V(x) + V(s)}.$$

Daher kann Satz 6.4.19 nur dann eine gute Näherung für die mittlere Wartezeit sein, wenn $V(q-)$ sehr klein ist. Nach (6.4.14) wissen wir, dass dieses nur dann der Fall ist, wenn die Auslastung hoch ist. Daher gilt Satz 6.4.19 nur für stark ausgelastete Systeme mit einer hinreichenden Genauigkeit.

Würden wir statt (6.4.17) die Formel (6.4.18) benutzen, um Satz 6.4.20 herzuleiten, so müssten dort R durch R' und $\varrho(t)$ durch $\varepsilon(t)$ ersetzt werden. Dann folgt nach Einsetzen von $V(q-)$ nach Satz 6.4.14 und nach einigen Umformungen:

Satz 6.4.23 - Gelte:

$$d := \frac{\left|[x \cdot s] - [q \cdot u] + R'\right|}{\left|V(x)+V(s)-V(q-)\right|} < 1,$$

so folgt:

$$(d{:}t) \quad \rho(t) \rightarrow \frac{V(x) + V(s)}{2 \cdot S \cdot [1-\varepsilon]} + \frac{1}{2} \cdot S \cdot [1-\varepsilon] - \frac{1}{2} \cdot \frac{\overline{i^2}}{I}.$$

Diese Formel kann daher als allgemeiner Wartezeitformel benutzt werden, wobei der Fehler nach Satz 6.4.21 abgeschätzt werden kann. Allerdings lassen sich i.allg. die Momente der Leerphasendauer nicht exakt berechnen. Jedoch lässt sich zumindest eine obere Schranke für die mittlere Wartezeit finden, wenn der letzte Term verschwindet.

7.0 Erhaltungssätze

Aussagen über Systeme lassen sich dann besonders einfach machen, wenn es Grössen gibt, die sich, trotz gewisser Änderungen am System, selbst nicht ändern. Wir werden in diesem Kapitel zeigen, dass es Grössen gibt in Systemen, die nicht davon abhängen, in welcher Reihenfolge die Aufträge bedient werden. Solche Eigenschaften werden allgemein Erhaltungseigenschaften genannt.

7.1 Ein allgemeiner Erhaltungssatz.

Für alle Überlegungen in diesem Kapitel greifen wir auf den Satz 6.2.1 zurück:

$$t \cdot V(t) = \int_0^t v(s) \cdot ds = \sum_{i=1}^{c(t)} x_i \cdot q_i .$$

Dabei gibt v(s) die Summe der restlichen Bedienzeiten aller wartenden Aufträge zum Zeitpunkt s an. Diese Formel gilt für 1-Bedienersysteme mit nicht unterbrechender und die Last erhaltender Bedienstrategie.

Befindet sich das System im d'-Flussgleichgewicht zweiter Ordnung, so erhalten wir nach Korollar 6.1.5:

$$(d':t) \qquad P(t) \;\to\; \frac{1}{2} \cdot C(t) \cdot \overline{x^2}(t).$$

Zu dieser Angleichung können wir auf beiden Seiten V(t) hinzu addieren und erhalten dann wegen U(t)=V(t)+P(t) nach Satz 3.5.1 falls:

$$d'' := \frac{d' \cdot P(t)}{|P(t)+V(t)|} = d' \cdot \frac{P(t)}{U(t)} < 1$$

die folgende Angleichung:

$$(d'':t) \qquad U(t) \;\to\; V(t) + \frac{1}{2} \cdot C(t) \cdot \overline{x^2}(t).$$

Sei jetzt $U(t) \neq \frac{1}{2} \cdot C(t) \cdot \overline{x^2}(t)$, dann folgt nach Satz 3.5.2 nach Subtrahieren von

$L := \frac{1}{2} \cdot C(t) \cdot \overline{x^2}(t)$ wegen:

$$d := \frac{d''}{|1-L/U|} = \frac{d' \cdot P}{|U \cdot \{1-L/U\}|}$$

der folgende Satz:

Satz 7.1.1 - Befindet sich ein 1-Bedienersystem mit nicht unterbrechender, die Last erhaltender Bedienstrategie im d'-Flussgleichgewicht zweiter Ordnung und ist:

$$d := \frac{d' \cdot P(t)}{|U(t) - L(t)|} < 1, \qquad (7.1.1.1)$$

so folgt:

$$(d{:}t) \qquad U(t) - \frac{1}{2} \cdot C(t) \cdot \overline{x^2}(t) \to \frac{1}{t} \cdot \sum_{i=1}^{c(t)} x_i \cdot q_i = V(t).$$

Als erstes soll hier die Grösse d in (7.1.1.1) abgeschätzt werden. Setzt man den nach Definition errechneten Wert für d' ein, die obere Grenze für P(t) nach (6.1.2), sowie eine untere Grenze für $|U(t)-L(t)|=|V(t)+P(t)-L(t)|$ nach Satz 6.2.1 und (6.1.2), so folgt:

$$d \leq \{\sum_{i>b}^{c(t)} x_i \cdot \sum_{i=1}^{b(t)} x_i^2\} \;/\; \{\sum_{i=1}^{c(t)} z_i \cdot |2 \cdot \sum_{i=1} x_i \cdot q_i - \sum_{i>b} x_i^2|\}.$$

Ist das System nicht überlastet, so werden die Terme mit den Summationsgrenzen {i>b} überproportional klein gegenüber den anderen Summen, die proportional zur Zahl der Aufträge wachsen, die durch das System hindurchgehen. Von diesen Summen steht im Zähler nur eine, im Nenner jedoch zwei. Daher kann bereits für wenige Aufträge c(t) angenommen werden, dass d sehr klein wird. Die Eigenschaft d-erhaltend gilt somit stets mit grosser Genauigkeit.

Auch wenn das System überlastet ist gilt diese Aussage, da dann zwar alle Summen sehr gross werden können, aber die Summanden $x_i \cdot q_i$ wegen der sich ständig vergrössernden Wartezeiten wiederum proportional der Zahl der ankommenden Aufträge wachsen. Simulationsergebnisse (Abschnitt 8.4) bestätigen diese Überlegungen.

(Prinzipiell kann der Nenner in 7.1.1.1 zwar Null werden, was aber bedeutet, dass (nahezu) kein Auftrag gewartet hat. Dann hat aber auch die Bedienstrategie keinen weiteren Einfluss auf die Wartezeiten, so dass dieser Fall im folgenden nicht berücksichtigt wird.)

Gilt die Angleichung im letzten Satz, so nennen wir die zugehörige Bedienstrategie d-erhaltend:

Definition 7.1.2 - (d-erhaltend): Eine Bedienstrategie eines 1-Bedienersystems heisst d-erhaltend, falls sie nicht unterbricht, lasterhaltend ist und falls:

$$(d:t) \quad U(t) - \frac{1}{2} \cdot C(t) \cdot \overline{x^2}(t) \quad \rightarrow \quad \frac{1}{t} \cdot \sum_{i=1}^{c(t)} x_i \cdot q_i .$$

Die linke Seite der Angleichung in der letzten Definition besteht nur aus Grössen, die nicht von der Bedienstrategie abhängen, während die Wartezeiten auf der rechten Seite sehr wohl von der Bedienstrategie abhängen. Der letzte Satz gibt somit eine Bedingung an, unter der diese Abängigkeit klein gehalten werden kann. Bei d-erhaltenden Bedienstrategien ist daher die mittlere Restbedienzeit der wartenden Aufträge mit d-Genauigkeit unabhängig von der Bedienstrategie.

Betrachten wir jetzt zwei verschiedene Bedienstrategien, die beide nicht unterbrechen und die Last erhalten. Die eine erzeuge für den i-ten Auftrag eine Wartezeit q_i, die andere eine Wartezeit q_i'. Setzen wir noch abkürzend:

$$K(t) := U(t) - \frac{1}{2} \cdot C(t) \cdot \overline{x^2}(t),$$

und sind die beiden Bedienstrategien d- bzw. d'-erhaltend, so folgt:

$$(d:t) \quad K(t) \rightarrow \frac{1}{t} \cdot \sum_{i=1}^{c(t)} x_i \cdot q_i ,$$

$$(d':t) \quad K(t) \rightarrow \frac{1}{t} \cdot \sum_{i=1}^{c(t)} x_i \cdot q_i' .$$

Weiter folgt aus dem Satz 3.1.5.2 nach Umkehren der letzten Angleichung:

$$\left(\frac{d'}{1-d'}:t\right) \quad \frac{1}{t} \cdot \sum_{i=1}^{c(t)} x_i \cdot q_i' \quad \rightarrow \quad K(t),$$

und nach Satz 3.2.9 erhalten wir nach Substitution:

Satz 7.1.3 - Sind in einem 1-Bedienersystem zwei nicht unterbrechende, die Last erhaltende Bedienstrategien d- bzw. d'-erhaltend, so folgt:

$$\left(\frac{d+d'}{1-d'}:t\right) \quad \sum_{i=1}^{c(t)} x_i \cdot q_i' \quad -> \quad \sum_{i=1}^{c(t)} x_i \cdot q_i .$$

Sind Wartezeit und Bedienzeit e- bzw. e'-unabhängig, so gilt:

$$(e:t) \quad \sum_{i=1}^{c(t)} x_i \cdot q_i \quad -> \quad X(t) \cdot \sum_{i=1}^{c(t)} q_i ,$$

und

$$(e':t) \quad \sum_{i=1}^{c(t)} x_i \cdot q_i' \quad -> \quad X(t) \cdot \sum_{i=1}^{c(t)} q_i' .$$

Durch Umkehren der zweiten Angleichung:

$$\left(\frac{e'}{1-e'}:t\right) \quad X(t) \cdot \sum_{i=1}^{c(t)} q_i' \quad -> \quad \sum_{i=1}^{c(t)} x_i \cdot q_i' ,$$

und nach zweimaligem Substituieren nach Satz 3.2.13 erhalten wir, falls:

$$D := \{1+e\} \cdot \left(1+\frac{e'}{1-e'}\right) \cdot \left\{1+\frac{d+d'}{1-d'}\right\} - 1 = \{1+e\} \cdot \frac{1}{1-e'} \cdot \frac{1+d}{1-d'} - 1 < 1,$$

die folgende Beziehung:

$$(D:t) \quad X(t) \cdot \sum_{i=1}^{c(t)} q_i' \quad -> \quad X(t) \cdot \sum_{i=1}^{c(t)} q_i .$$

Nach Kürzen durch $X(t) \cdot c(t)$ ergibt sich dann der folgende Satz:

Satz 7.1.4 - Für jedes 1-Bedienersystem mit Strategien, die nicht unterbrechen und die Last erhalten, gilt:

Sind zwei Bedienstrategien d- bzw. d'-erhaltend, und sind bezüglich dieser beiden Strategien Bedienzeit und Wartezeit e- bzw. e'-unabhängig, und ist

$$D := \frac{\{1+e\} \cdot \{1+d\}}{\{1-e'\} \cdot \{1-d'\}} - 1 \quad < \quad 1,$$

so folgt:

$$(D:t) \quad Q'(t) \rightarrow Q(t),$$

wobei $Q(t)$ bzw. $Q'(t)$ die mittleren Wartezeiten sind, die die Aufträge aufgrund der beiden Strategien haben.

Dieser letzte Satz lässt sich jetzt sofort anwenden, um bereits hergeleitete Sätze zu verallgemeinern. So wurde die P-K-Formel nur für die FCFS-Strategie bewiesen. Dabei wurden an die Strategien genau die gleichen Voraussetzungen gestellt wie im letzten Satz. Daher gilt die P-K-Formel für alle Bedienstrategien mit einer entsprechenden Genauigkeit, soweit diese nicht unterbrechen, die Last erhalten und nicht auf die Bedienzeit abheben.

Eine ähnliche Aussage lässt sich für die Sätze im Abschnitt 6.4 machen.

7.2 Klasseneinteilung nach der Bedienzeit.

In diesem Abschnitt soll ein einfacher Erhaltungssatz hergeleitet werden, der für nicht unterbrechende und die Last erhaltende Systeme gilt. Dabei werde von einer Einteilung der Aufträge in Klassen ausgegangen, wobei die Aufträge jeder Klasse genau die gleiche Bedienzeit haben sollen (d.h. das Einteilungskriterium für die Aufträge in Klassen seien die als diskret angenommenen Bedienzeiten.)

Haben die Aufträge einer Klasse die Bedienzeit x, so sei m(x) die Anzahl der Aufträge dieser Klasse, die in der Zeit $[0,t]$ im System verweilten. Sei $q_i(x)$ die Wartezeit des i-ten Auftrags einer solchen Klasse, und sei:

$$Q(x) := \frac{1}{m(x)} \cdot \sum_{i=1}^{m(x)} q_i(x)$$

die mittlere Wartezeit der Aufträge dieser Klasse, so erhalten wir:

$$\sum_{i=1}^{c(t)} x_i \cdot q_i = \sum_{x} \{x \cdot \sum_{i=1}^{m(x)} q_i(x)\} = \sum_{x} x \cdot m(x) \cdot Q(x).$$

Mit $h(x) := m(x)/c(t)$ als relativer Häufigkeit der Aufträge mit der Bedienzeit x ergibt sich dann:

$$\frac{1}{t} \cdot \sum_{i=1}^{c(t)} x_i \cdot q_i = C(t) \cdot \sum_{x} x \cdot h(x) \cdot Q(x).$$

Damit erhalten wir den folgenden Satz:

Satz 7.2.1 - Für Systeme mit d-erhaltender Bedienstrategie gilt:

$$(d:t) \quad U(t) - \frac{1}{2} \cdot C(t) \cdot \overline{x^2}(t) \quad \rightarrow$$

$$\rightarrow \quad C(t) \cdot \sum_x x \cdot h(x) \cdot Q(x).$$

Wir wissen, dass die linke Seite in der obigen Formel von der Bedienstrategie nicht abhängt, so dass die rechte Seite, mit einer entsprechenden Genauigkeit, ebenfalls nicht abhängt von der Bedienstrategie, solange diese die Last erhält und nicht unterbrechend ist. Daher ist die rechte Seite (in Bezug auf die Bedienstrategie) eine Erhaltungsgrösse.

Qualitativ besagt die obige Formel lediglich, dass die Bevorzugung der Aufträge einer Bedienzeitklasse die Aufträge der anderen Bedienzeitklassen dafür länger warten lässt. Der Vorteil des Satzes liegt jedoch darin, dass er diesen Zusammenhang auch quantitativ zum Ausdruck bringt. Das soll an einem einfachen Beispiel gezeigt werden.

Beispiel 7.2.2 - Von einem Laststrom wissen wir, dass alle Aufträge sich nach der Bedienzeit in zwei Klassen einteilen lassen: Die Aufträge der ersten Klasse benötigen gerade 4 Zeiteinheiten, die anderen 8 Zeiteinheiten Bedienung. Das quantitative Verhältnis der Zahl der Aufträge der beiden Klassen zueinander sei 4:1. Von einer Untersuchung einer Bedienstrategie her wissen wir, dass die mittleren Wartezeiten für jede Klasse gerade 2 Zeiteinheiten betragen. Nehmen wir an, es gäbe eine Strategie, die die Aufträge der Klasse 1 im Mittel nur eine Zeiteinheit warten lässt. Wie verschlechtert sich dann die Wartezeit für die Aufträge der Klasse 2?

Sind beide Strategien 0-erhaltend, so folgt:

$$h(4) \cdot q(4) \cdot 4 + h(8) \cdot q(8) \cdot 8 = 9.6 = \text{konstant}.$$

Gesucht ist $q'(8)$, falls $q'(4)=1$ wird. Also folgt aus der letzten Gleichheit:

$$\frac{9.6 - h(4) \cdot q'(4) \cdot 4}{h(8) \cdot 8} = \frac{9.6 - 0.8 \cdot 1 \cdot 4}{0.2 \cdot 8} = 4 = q'(8).$$

Ist die erste Strategie d-erhaltend, die zweite d'-erhaltend, so folgt:

$$(d:t) \quad \text{Konstante} \rightarrow h(4) \cdot q(4) \cdot 4 + h(8) \cdot q(8) \cdot 8 = 9.6$$

und

$$(d':t) \quad \text{Konstante} \rightarrow h(4) \cdot q'(4) \cdot 4 + h(8) \cdot q'(8) \cdot 8 =$$

$$= 3.2 + 1.6 \cdot q'(8).$$

Umkehrung der ersten Angleichung ergibt:

$$\left(\frac{d}{1-d}:t\right) \quad 9.6 \quad \rightarrow \quad \text{konstant.}$$

und Substitution ergibt:

$$\left(\frac{d+d'}{1-d}:t\right) \quad 9.6 \quad \rightarrow \quad 3.2 + 1.6\cdot\alpha'(8).$$

Wir addieren jetzt auf beiden Seiten -3.2, kürzen durch 1.6 und erhalten dann nach Satz 3.5.1:

$$\left(\frac{3}{2}\cdot\frac{d+d'}{1-d}:t\right) \quad 4 \quad \rightarrow \quad \alpha'(8).$$

Man sieht daher, dass diese Aufträge 4 Zeiteinheiten warten müssen. Die Wartezeit dieser Aufträge hat sich somit verdoppelt. Die Genauigkeit, mit der dieses Ergebnis gilt, errechnet sich nach dem letzten Beispiel mit d=d'=5% zu 15.8%. Ist d=d'=1%, so erhalten wir für diese Genauigkeit 3%.

Der Unterschied zu dem Ergebnis im letzten Abschnitt ist, dass es bei dieser Strategie gestattet ist, dass sie ihre Entscheidung von den Bedienzeiten der wartenden Aufträge abhängig macht. Neben den bereits erwähnten Strategien FCFS, LCFS und RANDOM zählt zu dieser Klasse von Strategien auch SJN (Shortest Job Next).

Wir wollen noch einige Vergleiche der hier entwickelten Formeln mit aus der Literatur bekannten Ergebnissen durchführen.

Ist der Zugangsprozess zusätzlich ein Poisson-Prozess, so können wir für U(t) noch nach der P-K-Mittelwertformel den Ausdruck nach Korollar 6.3.10 einsetzen. Wir erhalten nach Substitution der Formel gemäss Korollar 6.1.5 und Umkehrung der Angleichung mit einer neuen Genauigkeit, die wir jetzt d' nennen, die folgende Angleichung:

$$(d':t) \quad \frac{C(t)\cdot\overline{x^2}(t)}{2\cdot[1-\epsilon(t)]} \quad \rightarrow \quad U(t).$$

Subtrahieren wir die positive Grösse $C(t)\cdot\overline{x^2}(t)/2$ von dieser Angleichung, so errechnet sich die neue Genauigkeit d" nach Satz 3.5.1 mit $L:=\frac{1}{2}\cdot C(t)\cdot\overline{x^2}(t)$:

$$d'' := \frac{d'}{|1-L/\{L/\{1-\epsilon\}\}|} = \frac{d'}{|1-\{1-\epsilon\}|} = \frac{d'}{\epsilon(t)},$$

und falls dies einen Wert d" < 1 ergibt, erhalten wir:

$$\left(\frac{d'}{\epsilon(t)}:t\right) \quad \frac{C(t)\cdot\epsilon(t)\cdot\overline{x^2}(t)}{2\cdot[1-\epsilon(t)]} \quad \rightarrow \quad U(t) - \frac{1}{2}\cdot C(t)\cdot\overline{x^2}(t).$$

Nach Substitution mit der Formel im Satz 7.2.1 und falls:

$$D := d + d'\cdot\frac{1+d}{\epsilon(t)} < 1,$$

erhalten wir nach Kürzen durch C(t):

$$(D:t) \quad \frac{\epsilon(t)\cdot\overline{x^2}(t)}{2\cdot[1-\epsilon(t)]} \quad \rightarrow \quad \sum_x x \cdot Q(x) \cdot h(x). \qquad (7.2.3)$$

Diese Formel ist ebenfalls eine Erhaltungsangleichung, da links nur von der Bedienstrategie nicht abhängige Grössen stehen. Im Gegensatz zu Satz 7.2.1 sind die Grössen der linken Seite jedoch weitgehend bekannt (man muss noch $\epsilon(t)$ durch $\rho(t)$ substituieren), so dass mit der Genauigkeit D der Wert der rechten Seite errechnet werden kann. Diese Formel gilt nur unter den Voraussetzungen des Korollar 6.3.10, also bei Poisson-Zugangs-Prozessen.

Das kontinuierliche Analogon des Satzes 7.2.1 ist in der Literatur als (allgemeiner) Erhaltungssatz von Kleinrock bekannt /Klein76/. Da dieser Fall nur für ein kontinuierliches Spektrum von Bedienzeiten interessant ist, soll er hier nur andeutungsweise behandelt werden.

Ist b(x) die Dichte der Bedienzeitverteilung unserer Aufträge, so ist b(x)·dx die relative Häufigkeit der Aufträge mit der Bedienzeit x. Ersetzen wir noch das Summenzeichen durch das Integralzeichen und h(x) durch b(x)·dx, so folgt aus dem Satz 7.2.1:

$$(d:t) \quad U(t) - \frac{1}{2}\cdot C(t)\cdot\overline{x^2}(t) \quad \rightarrow \quad C(t)\cdot\int_0^t x\cdot Q(x)\cdot b(x)\cdot dx. \qquad (7.2.4)$$

Die Formeln 7.2.3 und 7.3.4 sind in der Literatur bekannt und werden dort mit Voraussetzungen hergeleitet, die den unseren entsprechen /Klein76/.

7.3 Allgemeine Klasseneinteilung.

Wir werden in diesem Abschnitt zulassen, dass die Aufträge in beliebige Klassen eingeteilt werden. Zunächst betrachten wir nur die j-te Klasse von Aufträgen. Für diese gilt Satz 7.1.1 ebenfalls. Sind Bedienzeit und Wartezeit voneinander d_j'-unabhängig so folgt:

$$(d_j':t) \quad \sum_{i=1}^{c(t)} x_{ij}\cdot q_{ij} \quad -> \quad X_j(t) \cdot \sum_{i=1}^{c(t)} q_{ij}.$$

Ist die Strategie d_j-erhaltend, so folgt wegen Satz 7.1.1 nach Substitution und nach Kürzen durch t:

$$(d_j+d_j'+d_j\cdot d_j':t) \quad U_j(t) - \frac{1}{2} \cdot C_j(t) \cdot \overline{x_j^2}(t) \quad ->$$

$$-> \quad C_j(t) \cdot X_j(t) \cdot Q_j(t) = \rho_j(t) \cdot Q_j(t).$$

Wir setzen noch:

$$D_j := d_j + d_j' + d_j\cdot d_j',$$

und

$$L_j(t) := \frac{1}{2} \cdot C_j(t) \cdot \overline{x_j^2}(t),$$

und falls $0 \leq D_j < 1$ erhalten wir:

$$(D_j:t) \quad U_j(t) - L_j(t) \quad -> \quad \rho_j(t) \cdot Q_j(t).$$

Wir hatten bisher nur eine Klasse von Aufträgen betrachtet. Da die letzte Angleichung für alle Klassen gilt und da:

$$U(t) = \sum_j U_j(t)$$

und mit den Definitionen:

$$L(t) := \sum_j L_j(t)$$

und

$$D := \max_j\{D_j\} < 1,$$

erhalten wir unser endgültiges Ergebnis:

$$(D:t) \quad U(t) - L(t) \quad -> \quad \sum_j \rho_j(t) \cdot o_j(t).$$

Diese Beziehung findet sich als Gleichheit auch bei /Schra70/ und /Klein76/.

Das letzte Ergebnis soll interpretiert werden. Rechts haben wir die Summe der Wartezeiten, gewichtet mit den Bedienzeitanforderungen in der Zeiteinheit, der Aufträge aller Klassen. Links steht die Differenz der mittleren Last und der mittleren Restbedienzeitsumme der Aufträge in Bedienung. Wir wissen, dass die linke Seite i.allg. nicht negativ werden kann, da die gesamte Restbedienzeit natürlich nie kleiner ist als die Teilrestbedienzeit nur der Aufträge in Bedienung. Sie kann aber 0 werden. Dann hat nie ein Auftrag gewartet, und dann hat die Bedienstrategie selbtverständlich keinen Einfluss auf die mittleren Wartezeiten (die ja dann 0 sind). Dies kann z.B. bei D/D/1-Systemen passieren (siehe Abschnitt 4.3). (In solchen Fällen kann sogar U(t)-L(t) negativ werden. Allerdings gilt die Erhaltungseigenschaft dann trotzdem.)

Es bleibt noch, dass die linke Seite grösser als 0 wird. Dann besagt dieses Ergebnis, dass mit einer entsprechenden Genauigkeit die rechte Seite der letzten Formel nicht abhängt von der Bedienstrategie. Die Genauigkeit ist durch D bestimmt, welches wiederum davon abhängt, wie viele Aufträge sich zum Zeitpunkt t noch im System befinden, und wie sehr Wartezeit und Bedienzeit eines Auftrags voneinander abhängen. Befindet sich das System im 0-Flussgleichgewicht, und sind die Zählgrössen Wartezeit und Bedienzeit mit 0-Genauigkeit voneinander unabhängig, so ist auch D=0, und die obige Beziehung gilt exakt.

Das Ergebnis dieses Abschnitts soll noch einmal in einem Satz zusammengefasst werden.

Satz 7.3.1 - Es sei ein 1-Bedienersystem gegeben mit einer Einteilung der Aufträge in Klassen, und es gelten die folgenden Bedingungen:

1. Die Bedienstrategie ist nicht unterbrechend und lasterhaltend.

2. Für jede Klasse j ist die Bedienstrategie d_j-erhaltend.

3. Wartezeit und Bedienzeit eines Auftrags der Klasse j sind d_j'-unabhängig.

4. Für jede Klasse j gilt:

$$D_j := d_j + d_j' + d_j \cdot d_j'.$$

5. Werde definiert:

$$L_j(t) := \frac{1}{2} \cdot C_j(t) \cdot \overline{x^2}_j(t).$$

und sei

$$L(t) := \sum_j L_j(t).$$

6. Sei
$$D := \max_j\{D_j\} < 1.$$

Dann folgt:

$$(D:t) \quad U(t) - L(t) \quad -> \quad \sum_j \rho_j(t) \cdot Q_j(t).$$

Wir haben somit gezeigt, dass mit einer beschränkten Genauigkeit die Summe der mit den geforderten Leistungen pro Klasse gewichteten mittleren Wartezeiten pro Klasse eine von der Bedienstrategie nicht abhängige Grösse ist. Damit ist dieses eine Erhaltungsgrösse, die quantitativ den Sachverhalt beschreibt, dass die Verbesserung der Wartezeit der Aufträge einer Klasse die Wartezeiten der Aufträge der anderen Klassen verschlechtert.

Der Unterschied zu dem Ergebnis des letzten Abschnitts besteht darin, dass dieses Ergebnis unter den stärker einschränkenden Voraussetzungen für alle Klasseneinteilungen gilt, während das Ergebnis des letzten Abschnitts unter schwächeren Voraussetzungen nur für Klasseneinteilungen nach der Bedienzeit gültig ist.

Im folgenden soll ein Beispiel für die Anwendung des letzten Satzes gegeben werden.

Beispiel 7.3.2 - Es sei ein System gegeben mit zwei Klassen von Aufträgen (z.B. ein Teilnehmersystem mit Hintergrundbetrieb). Das Verhältnis der geforderten Auslastung der beiden System-Auftrags-Klassen sei: $\rho_1/\rho_2 = 3/1$. Die mittleren Wartezeiten für die Aufträge der ersten Klasse sei Q_1=2 sec, für die zweite Klasse Q_2=5 sec.

Gesucht ist die Wartezeit für die Aufträge der zweiten Klasse, wenn die der ersten Klasse auf Q_1' durch Änderung der Bedienstrategie verringert wird. Die erste Strategie sei d_j-erhaltend, die zweite e_j-erhaltend, und Warte- und Bedienzeit seien für die erste Strategie d_j'-unabhängig, für die zweite e_j'-unabhängig, j=1,2.

Nach dem letzten Satz gelten dann für die beiden Strategien, falls:

$$d := \max(d_1+d_1'+d_1\cdot d_1' \;,\; d_2+d_2'+d_2\cdot d_2') < 1,$$

und

$$d' := \max(e_1+e_1'+e_1\cdot e_1' \;,\; e_2+e_2'+e_2\cdot e_2') < 1$$

die folgenden Angleichungen:

$$(d:t) \quad \text{Konstante} \rightarrow \varrho_1 \cdot Q_1 + \varrho_2 \cdot Q_2$$

und

$$(d':t) \quad \text{Konstante} \rightarrow \varrho_1 \cdot Q_1' + \varrho_2 \cdot Q_2'.$$

Nach Umkehren und Substituieren folgt:

$$\left(\frac{d+d'}{1-d}:t\right) \quad \varrho_1 \cdot Q_1 + \varrho_2 \cdot Q_2 \rightarrow \varrho_1 \cdot Q_1' + \varrho_2 \cdot Q_2'.$$

Subtrahieren wir $\varrho_1 \cdot Q_1'$ und kürzen wir durch ϱ_2, und falls:

$$D := \frac{d+d'}{1-d} \cdot \left| \frac{Q_2 + Q_1 \cdot \varrho_1/\varrho_2}{Q_2 + \{Q_1 - Q_1'\} \cdot \varrho_1/\varrho_2} \right| < 1,$$

so folgt für Q_2':

$$(D:t) \quad Q_2 + \frac{\varrho_1}{\varrho_2} \cdot \{Q_1 - Q_1'\} \rightarrow Q_2'.$$

Sei $d_j = d_j' = e_j = e_j' = 0{,}05 (=0{,}01)$, so folgt: $\frac{d+d'}{1-d'} = 0{,}228 (=0{,}041)$.

Sei jetzt $\varrho_1/\varrho_2 = 3/1$, $Q_1 = 2$, $Q_1' = 1$, $Q_2 = 5$, so folgt mit $D = 31\% (=6\%)$:

$$(D:t) \quad 5 + 3 \cdot 1 = 8 \rightarrow Q_2'.$$

8.0 Simulationen.

Einige der in dieser Arbeit gefundenen Ergebnisse sollten mit dem entsprechenden Verhalten eines realen Systems verglichen werden, um auch eine quantitative Vorstellung von der absoluten Güte der in dieser Arbeit gefundenen analytischen Lösungen und Fehlerabschätzungen zu erhalten. Als 'reales System' wurde hier ein Simulator verwendet, der Wartesysteme mit Computer-Programmen nachbildet. Untersucht werden sollte, ob reale Systeme wirklich befriedigend nachgebildet und Begriffe wie Gleichgewicht, Repräsentativität und Unabhängigkeit tatsächlich in realen Systemen mit vernünftiger Genauigkeit gemessen werden können.

Im ersten Abschnitt soll dazu kurz der verwendete Simulator vorgestellt werden. Im nächsten Abschnitt untersuchen wir dann einige einfache Grössen in dem simulierten System und betrachten dazu die gefundenen Genauigkeiten. Im dritten Abschnitt soll der Frage im Abschnitt 6.3 nachgegangen werden, inwieweit die Genauigkeit, mit der die P-K-Formel gilt, von der Auslastung abhängt. Als letztes sollen dann einige Untersuchungen zu den Erhaltungssätzen durchgeführt werden.

8.1 Der Simulator.

Der Simulator wurde in der Programmiersprache SIMULA /Birtw74/ geschrieben. Die wesentliche Struktur des Programms besteht aus den folgenden Teilen.

8.1.1 Parameter

Eine interaktiv steuerbare Ein- und Ausgabe versorgt den Simulator mit den nötigen Parametern und listet die Ergebnisse in der gewünschten Weise auf. Die Eingabemöglichkeiten bestehen aus der Wahl und Parametrisierung der Zugangs- und Bedienzeitverteilung (konstante -, Gleich-, negativ-exponentielle - und hyper-2-exponentielle Verteilung) und der Simulationsdauer. Für die Ausgabe können die verschiedenen kumulierten Grössen wahlweise und zu vorher festlegbaren Zeitpunkten protokolliert werden.

8.1.2 Zugangsprozess

Der Zugangsprozess wird im Hauptprogramm simuliert. In einer Schleife:

```
WHILE TIME < SIMULATIONSZEIT DO
  BEGIN
    KUNDENZAHL := KUNDENZAHL + 1;
    NEW KUNDE ( KUNDENZAHL );
    HOLD ( ZUGANGSVERTEILUNG )
  END;
```

werden mit Zwischenzeitabständen, die in der Prozedur ZUGANGSVERTEILUNG durch die von SIMULA bereitgestellten stochastischen Generatoren erzeugt werden, die Aufträge [CLASS vom Typ KUNDE] generiert und durch den Rumpf der CLASS in die Warteschlange der Bedienstation als letzter Auftrag eingefügt.

Ausserdem werden zu diesen Zeitpunkten die Bedienzeit des Auftrags gezogen, sowie Zwischenankunftszeit, Füllung und Last bestimmt und für die Berechnung ihrer Momente kumuliert. Da die Bedienstation, wenn sie leer ist, passiv ist, wird hier die Bedienstation gegebenenfalls aktiviert.

8.1.3 Bedienstation

Die Bedienstation ist eine CLASS mit Präfix PROCESS, die durch eine CLASS vom Typ KUNDE aktiviert werden kann. Dann nimmt sie aus der Warteschlange (gegebenenfalls gemäss ihrer Bedienstrategie) einen Auftrag heraus und wartet durch

```
HOLD ( BEDIENZEIT );
```

so lange, bis dieser Auftrag "abgearbeitet" ist. Danach führt die Bedienstation weitere Kumulationen durch (z.B. für Last und Wartezeit). Ist jetzt die Warteschlange leer, so passiviert sich die Bedienstation. Sonst holt sie sich den nächsten Auftrag aus der Warteschlange und verfährt wie oben.

8.1.4 Bemerkung

Die Struktur des obigen Programms entspricht dem Beispielprogramm aus dem DEC-10-SIMULA-Handbuch /SIMUL74/ der Simulation einer Autowaschanlage. Es wurden nur weitere Variationsmöglichkeiten, z.B. bei den Verteilungen vorgesehen, sowie weitere Daten gemessen und ausgewertet.

8.2 Allgemeine Simulationsergebnisse.

Zunächst betrachten wir die Begriffe Flussgleichgewicht bzw. Last- und Auftragsgleichgewicht. Die Genauigkeit, mit der für ein System diese Eigenschaften gelten, hängt sowohl von der Auslastung des Systems als auch von der Beobachtungszeit ab. Daher wurden neun Simulationsläufe durchgeführt, mit jeweils wechselnder Auslastung.

Jede Simulation dauerte 3000 Zeiteinheiten. Die mittlere Zugangsrate war 0.993 (gemessen!), und die angeforderten Auslastungen wurden gemessen zu: 0.16, 0.31, 0.49, 0.65, 0.75, 0.85, 0.93, 0.98, 1.03. Nach jeweils 600 Aufträgen, die das System verliessen, wurde ein Protokoll ausgegeben. Das Ergebnis ist im Diagramm 8.2.1 aufgezeichnet.

Bei zunehmender Auslastung wird also die Genauigkeit, mit der die Gleichgewichte gelten, schlechter. Das wird seinen Grund vor allem darin haben, dass die Füllung des Systems zum Zeitpunkt t bei grosser Auslastung auch grösser wird. Daher war dieses Ergebnis durchaus zu erwarten gewesen.

Ist ein System im d-Flussgleichgewicht, so folgt für dieses d:

$$d := \max \left(\sum_{i>b} x_i \Big/ \sum_{i=1}^{b(t)} z_i \ , \ \frac{a_0}{a(t)} \ , \ \frac{n(t)}{b(t)} \right).$$

Daher wird bei zunehmender Simulationsdauer (und damit wachsendem a(t) bzw. b(t)) das Flussgleichgewicht immer besser. Auch dieses geben unsere Simulationsergebnisse wieder.

Aber auch bei anderen Ergebnissen hängen die Genauigkeiten, mit denen diese Beziehungen gelten, von dem Verhältnis n(t)/c(t) ab. Solche Ungenauigkeiten entstehen bei den Sätzen im 6. Kapitel. So zeigte die Simulation ebenfalls, dass die mittlere Last U(t) stets genau dann der Formel:

$$U(t) = \frac{1}{2} \cdot C(t) \cdot \{\overline{w^2}(t) - \overline{q^2}(t)\}$$

entspricht, wenn das System leer ist. Wenn das System dagegen nicht leer ist, wird die Abweichung entsprechend grösser. Mit zunehmender Simulationsdauer wird aber auch hier die Genauigkeit immer besser (siehe Diagramm 8.2.2), da nach Formel 6.2.10.1 d proportional zu 1/t ist.

Das System wurde auch mit einem Zugangsprozess mit grösserer Varianz gespeist. Da dieses die mittlere Wartezeit vergrössert (nach Satz 6.4.23 für grosse Auslastungen), und da nach 6.2.10.1 die Genauigkeit d auch von der Füllung des Systems zum Zeitpunkt t abhängt, musste hier eine Vergrösserung von d gemessen werden. Das ist tatsächlich der Fall, wenn auch nur in geringem Umfang.

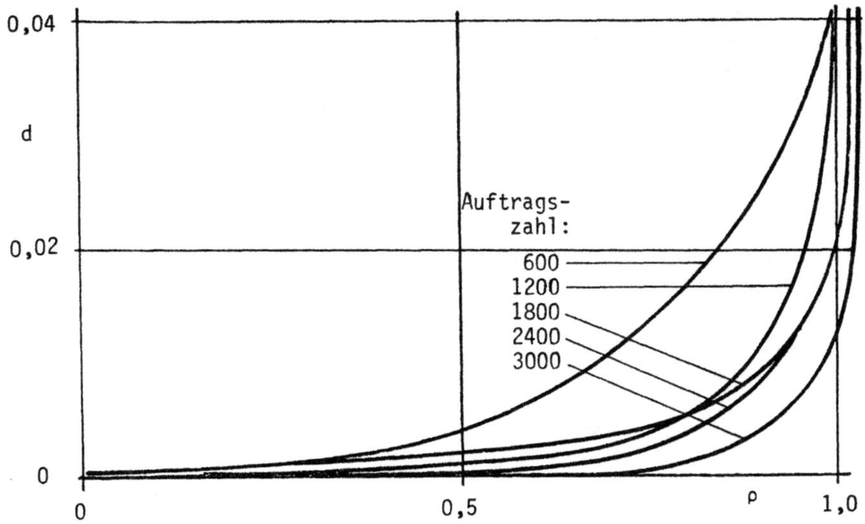

Diagramm 8.2.1: Genauigkeit d des Flußgleichgewichts in Abhängigkeit von geforderter Auslastung ρ und Zahl der angekommenen Aufträge a(t).

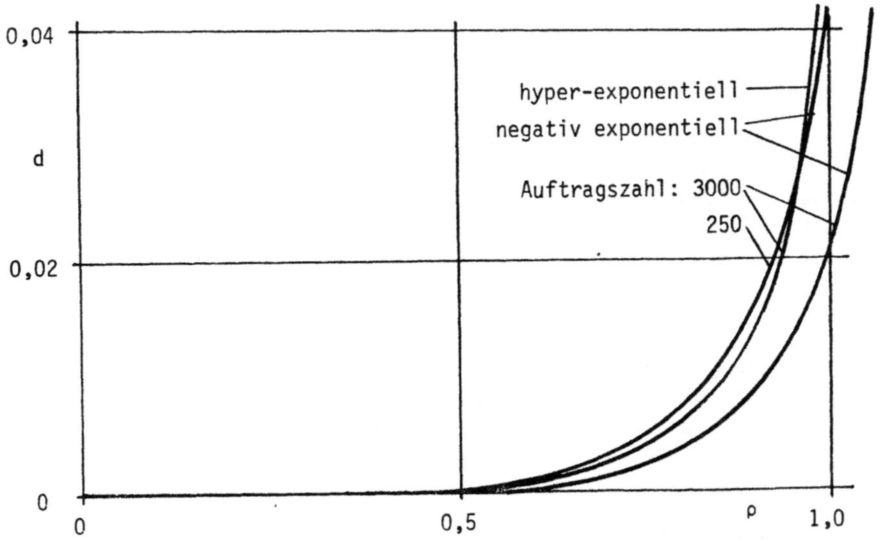

Diagramm 8.2.2: Genauigkeit d, mit der die mittlere Last U(t) durch den den Ausdruck $\frac{1}{2} * C(t) * \{\overline{w^2} - \overline{q^2}\}$ berechnet werden kann, bei verschiedenen Auftragszahlen und Zwischenankunftszeitverteilungen.

Die Formel könnte daher in Simulatoren zur Bestimmung der mittleren Last verwendet werden, da die Grössen auf der rechten Seite im allgemeinen sehr viel einfacher zu bestimmen sind als U(t).

Bei den Ergebnissen im Abschnitt 6.4 hat der Einfluss der Grösse R gegenüber den anderen Grössen nur eine untergeordnete Bedeutung. Er konnte sich daher simulativ nicht auswirken.

Als nächstes sollen die Angleichungsvoraussetzungen des Abschnitts 4.3 untersucht werden. Aus der Homogenität folgt mit Satz 4.3.6, dass sich der Kehrwert der Verweilrate C(t) und die mittlere Leerphasendauer I(t) nicht wesentlich unterscheiden. Unter diesen Voraussetzungen konnte die mittlere Zahl von Aufträgen pro Leerphase K(t) gerade durch:

$$K(t) = \frac{1}{1 - \varepsilon(t)}$$

berechnet werden (Satz 4.3.2).

Es wurden hier die Grössen C(t) und I(t) sowie ε (t) und K(t) gemessen. Bei hinreichend langen Simulationszeiten und Poisson-Zugangsprozess ergaben sich zwischen I(t) und 1/C(t) verschwindend kleine Unterschiede (kleiner als 1%), die gerade den zwischen K(t) und $1/\{1-\varepsilon(t)\}$ gemessenen Abweichungen entsprachen. Diese wurden in Diagramm 8.2.3 aufgetragen. Auch hier zeigt sich wieder, dass mit zunehmender Auslastung die Abweichungen grösser werden. Dieses kann durch längere Simulationszeiten offenbar zum Teil kompensiert werden.

8.3 Überprüfung der P-K-Formel.

Bei der P-K-Formel interessiert zum einen, in wieweit die dort verlangten Voraussetzungen überhaupt erfüllbar sind. Zieht also der Zugangsprozess eine repräsentative Stichprobe aus der Füllung der Warteeinheit und der Restbedienzeit des Auftrags in Bedienung, und ist es mit einer vernünftigen Genauigkeit richtig, dass die Zahl von Aufträgen, die während des Wartens eines Auftrags im System dort eintreffen, nicht abhängt von der Bedienzeit des Auftrags?

Wie stets bei Messungen an realen Systemen wird man keine 0-Genauigkeiten erwarten können, mit denen diese Annahmen gelten. Aus der Statistik weiss man aber, dass bei hinreichend langen Simulationszeiten ein Poisson-Zugangsprozess immer bessere Stichproben zieht, bzw. die Unabhängigkeit immer besser erfüllt ist.

Um hier quantitative Vorstellungen zu gewinnen, wurde dieses als erstes untersucht. Dazu wurde die Bedienstrategie des Simulators auf FCFS gestellt (wie bei der Herleitung der P-K-Formel vorausgesetzt), und sowohl für die Zugangs- als auch für die Bedienzeitverteilung die negativ-exponentielle Verteilung gewählt. Die erbrachte Auslastung, die bei 1-Bediener-Systemen ja

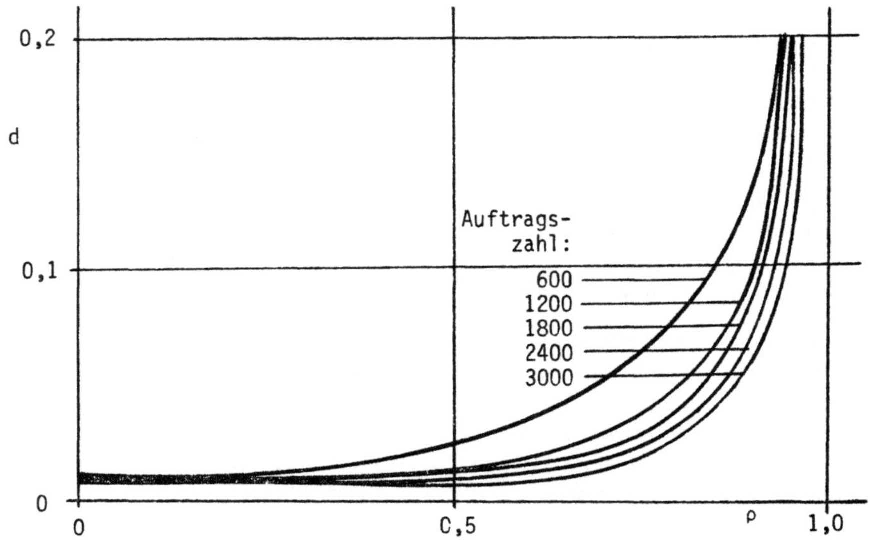

Diagramm 8.2.3: Abweichung d zwischen mittl. Auftragszahl pro Bedienphase K(t) und 1/(1-ρ), abhängig von Auftragszahl c(t) und Auslastung ρ(t).

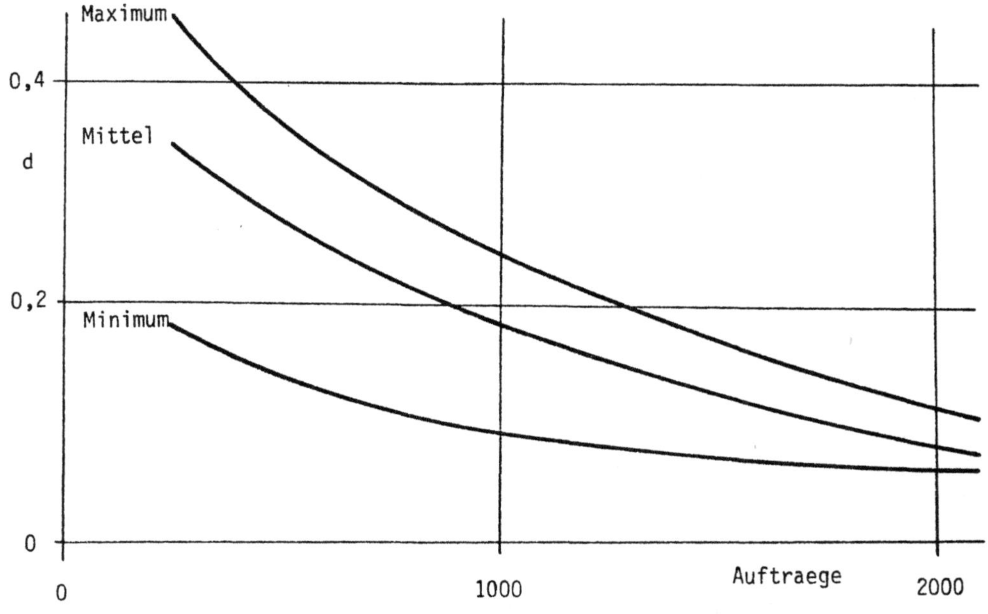

Diagramm 8.3.1: Minimale, mittlere und maximale Abweichung D in der Voraussetzung der P-K-Formel (6.3.7.5), abhaengig von der Auftragszahl.

mit der erbrachten Leistung übereinstimmt, ergab sich dann als Verhältnis der (gemessenen!) erbrachten Bedienzeit zur realen Zeit. Die Zugangsverteilung wurde mit der mittleren Zwischenankunftszeit 1 (gemessen 0.9927) betrieben, die Verteilung der geforderten Bedienzeiten mit 9 verschiedenen Mittelwerten (gemessen: 0.16, 0.31, 0.49, 0.66, 0.76, 0.86, 0.94, 0.987 und 1.04) versehen.

Es wurde insgesamt 2 000 Zeiteinheiten lang simuliert, so dass ca. 2 000 Aufträge in das System eintraten. Nach jeweils 500 Aufträgen wurden die gefundenen Werte ausgedruckt, so dass ebenfalls untersucht werden konnte, wie die Ergebnisse von der Simulationszeit abhingen.

Es ergab sich das Diagramm 8.3.1, wobei die Genauigkeiten aller drei Voraussetzungen nach Satz 6.3.7 berechnet wurden. Zu Beginn der Simulation (bis zu 1000 Aufträge) erhält man stark streuende Genauigkeiten. Erst bei grösserer Auftragszahl werden die Genauigkeiten im Mittel kleiner (zwischen 5% und 11%), und auch ihre Streuung nimmt ab. Dieses Ergebnis ist nach statischen Erfahrungen durchaus nicht ungewöhnlich.

Die Abweichungen der drei Genauigkeiten untereinander ist jeweils von der gleichen Grössenordnung, ohne dass die eine gegenüber der anderen vorwiegend besser oder schlechter ist.

Als zweites sollte untersucht werden, ob die Verschlechterung der erreichbaren Genauigkeit nach Satz 6.3.7 bei Vergrösserung der Auslastung (durch den Nenner $\{1-\varepsilon(t)\}$) auch einen Einfluss hat auf die gemessene Genauigkeit der P-K-Formel. Ist also für grosse Auslastungen die P-K-Formel schlechter?

Es wurden die gleichen Simulationsläufe wie oben verwendet. Als Genauigkeit für die P-K-Formel wurde die relative Abweichung d bestimmt durch die Formel:

$$d := \frac{1}{Q(t)} \cdot \left| Q(t) - \frac{P(t)}{1-\varepsilon(t)} \right|,$$

wie dieses nach der Definition der d-Genauigkeit einer Angleichung vorgeschrieben ist.

Das Ergebnis wurde im Diagramm 8.3.2 aufgezeichnet. Tatsächlich wird auch die gemessene Abweichung um so schlechter, je grösser die Auslastung ist (durchgezogenen Linien), während für kleine Auslastung die Abweichung auch geringer ist.

Dieses folgt insofern nicht unmittelbar aus unseren Formeln für die Genauigkeit, als diese eine 'worst-case'-Analyse darstellen, die tatsächlichen Gegebenheiten also nicht schlechter, sehr wohl aber viel besser sein können.

Unser Ergebnis zeigt ebenfalls, dass bei längerer Simulationsdauer die P-K-Formel auch für immer grössere Auslastungen immer besser gilt. Die anfänglichen Untersuchungen dieses Abschnitts zeigen, dass sich dann auch die Voraussetzungen verbessern, also daher die P-K-Formel besser werden kann.

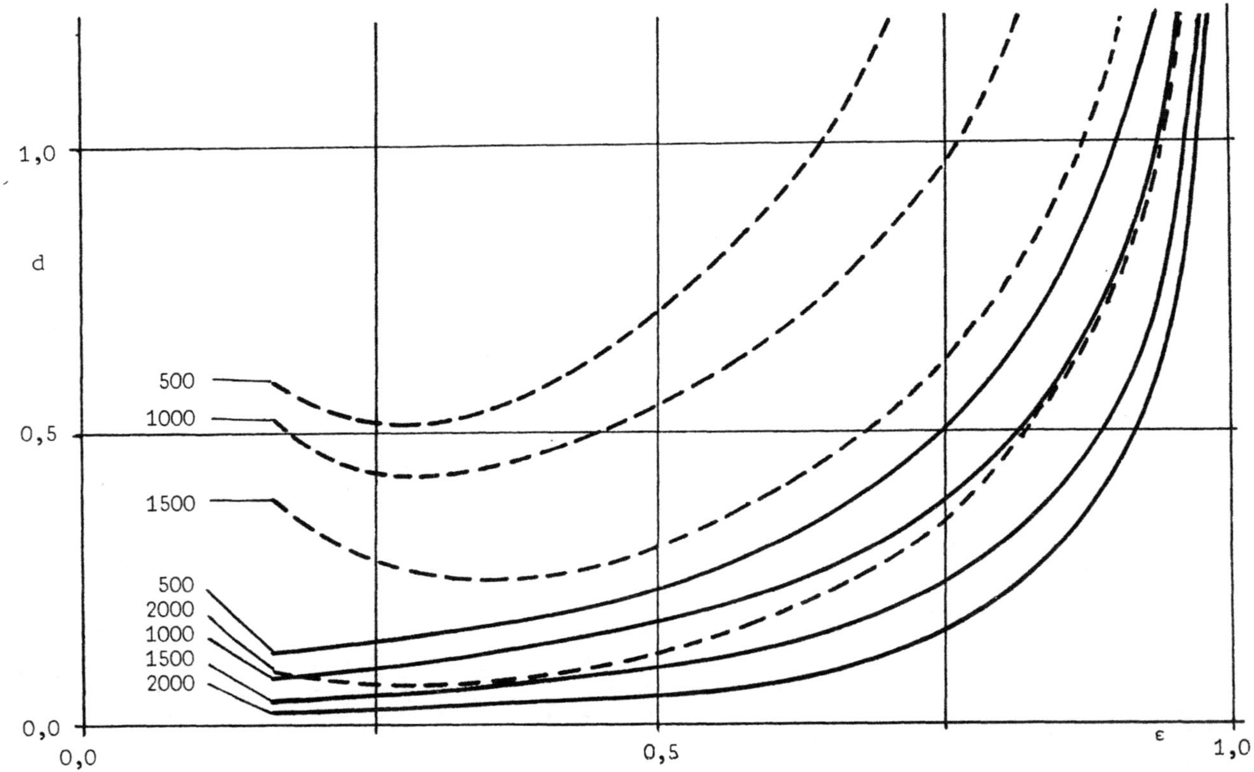

Diagramm 8.3.2: Gemessene (———) und errechnete (- - -) Genauigkeit der P-K-Formel fuer verschieden viele Auftraege und verschiedene Auslastungen.

Die gestrichelten Linien im Diagramm 8.3.2 zeigen die maximal zulässige Abweichung nach der Formel des Satzes 6.3.2. Sie liegen stets über den zugehörigen Kurven für die gemessenen Abweichung (wie es nach der Interpretation dieser Ergebnisse sein muss), zeigen jedoch im wesentlichen den gleichen Verlauf.

In statistischen Untersuchen hat auch M. Jobmann (5) die Erfahrung gemacht, dass bei zunehmender Auslastung eines Systems die entsprechenden statistischen Ergebnisse immer schwieriger zu erhalten sind, d.h. bei grösser werdender Auslastung nimmt bei gleicher Simulationszeit die Genauigkeit ab (oder die Länge des Konfidenzintervalls zu). Zumindest für die P-K-Formel scheint es hier ein Analogon zu geben.

8.4 Simulationsergebnisse zu den Erhaltungssätzen.

Wie im letzten Abschnitt bei der Untersuchung der P-K-Formel interessiert auch bei den Erhaltungssätzen zunächst, wie gut deren Voraussetzungen erfüllt sind. Jeder Erhaltungssatz verlangt von der Bedienstrategie, d-erhaltend zu sein, so dass diese Eigenschaft als erste untersucht werden soll.

Die hier gemessene Genauigkeit war in den meisten Fällen besser als 1%, bei längeren Simulationszeiten sogar besser als 0.01%. Nur bei sehr wenigen Ereignissen (weniger als 200 Aufträgen) und hohen geforderten Auslastungen (ε >90%) wurden wesentlich schlechtere Genauigkeiten als 1% gemessen.

Daher gilt der Satz 7.2.1 stets mit ausgezeichneter Genauigkeit, da dort als Voraussetzung nur d-erhaltend verlangt wird.

Als weiteres Ergebnis bestätigte sich die Annahme, dass die Genauigkeit der Eigenschaft d-erhaltend nicht davon abhängt, ob das System im stochastischen Gleichgewicht ist. Selbst wenn die geforderte Auslastung mehr als 150% betrug, wurde diese Genauigkeit nach ca. 200 Aufträgen besser als 1%. Daher wird diese Voraussetzung in realen System stets mit grosser Güte erfüllt sein.

Die anderen Erhaltungssätze (7.1.4 und 7.1.3) verlangen als weitere Voraussetzung die Unabhängigkeit zwischen Bedienzeit x_i und Wartezeit q_i. Diese Bedingung gilt sehr viel schlechter als die oben betrachtete, so dass die Genauigkeiten in den beiden Erhaltungssätzen im wesentlichen durch die Genauigkeit der Unabhängigkeit bestimmt werden.

Es konnte anhand von Simulationsläufen gemessen werden, dass für die Strategien SJN (shortest job next) und LJN (longest job next) diese Unabhängigkeit nur sehr schlecht gilt (zwischen 10% bei sehr kleinen Auslastungen bis hin zu über 200% bei grösseren Auslastungen). Besser wurde diese Unabhängigkeit bei FCFS (first come, first served), LCFS (last come, first served) und RANDOM. Ab ca. 2000 Aufträgen, die durch das System hindurchgegangen waren, wurde sie i.allg. besser als 10%, und bei grösseren Auslastungen (ε >50%) sogar besser als 5%.

Der Satz 7.1.4 besagt, dass die mittleren Wartezeiten nicht von der Bedienstrategie abhängen, wenn die Strategien d-erhaltend und Bedienzeit und Wartezeit e-unabhängig sind. Für die letzten drei Bedienstrategien wurden die Ergebnisse der Simulation für verschiedene Auslastungen und verschiedene Simulationszeiten in Diagramm 8.4.1 aufgetragen. Es zeigt sich hier zum einen, dass die mittleren Wartezeiten bei verschiedenen Strategien tatsächlich relativ gut übereinstimmen, wobei bei grösseren Auslastungen die Abweichung grösser wird.

Weiter zeigt sich sehr deutlich, dass auch wenn das System nicht im Gleichgewicht ist (die Simulation begann mit leerem System) die mittleren Wartezeiten gleich, wenn auch nicht konstant sind. Auch hier braucht demnach nicht das stochastische Gleichgewicht gefordert zu werden, sondern es genügen die aufgestellten schwächeren Forderungen, vor allem die Unabhängigkeit von Warte- und Bedienzeit.

(Der Verlauf der Kurven für die mittleren Wartezeiten in Diagramm 8.4.1 ist nicht typisch, sondern zufällig, d.h. bei anderen Zugangsprozessen können sich zu Anfang noch grössere mittlere Wartezeiten ergeben, aber auch die mittleren Wartezeiten nahezu 'asymptotisch' an einen Grenzwert der mittleren Wartezeit für t->unendlich anschmiegen.)

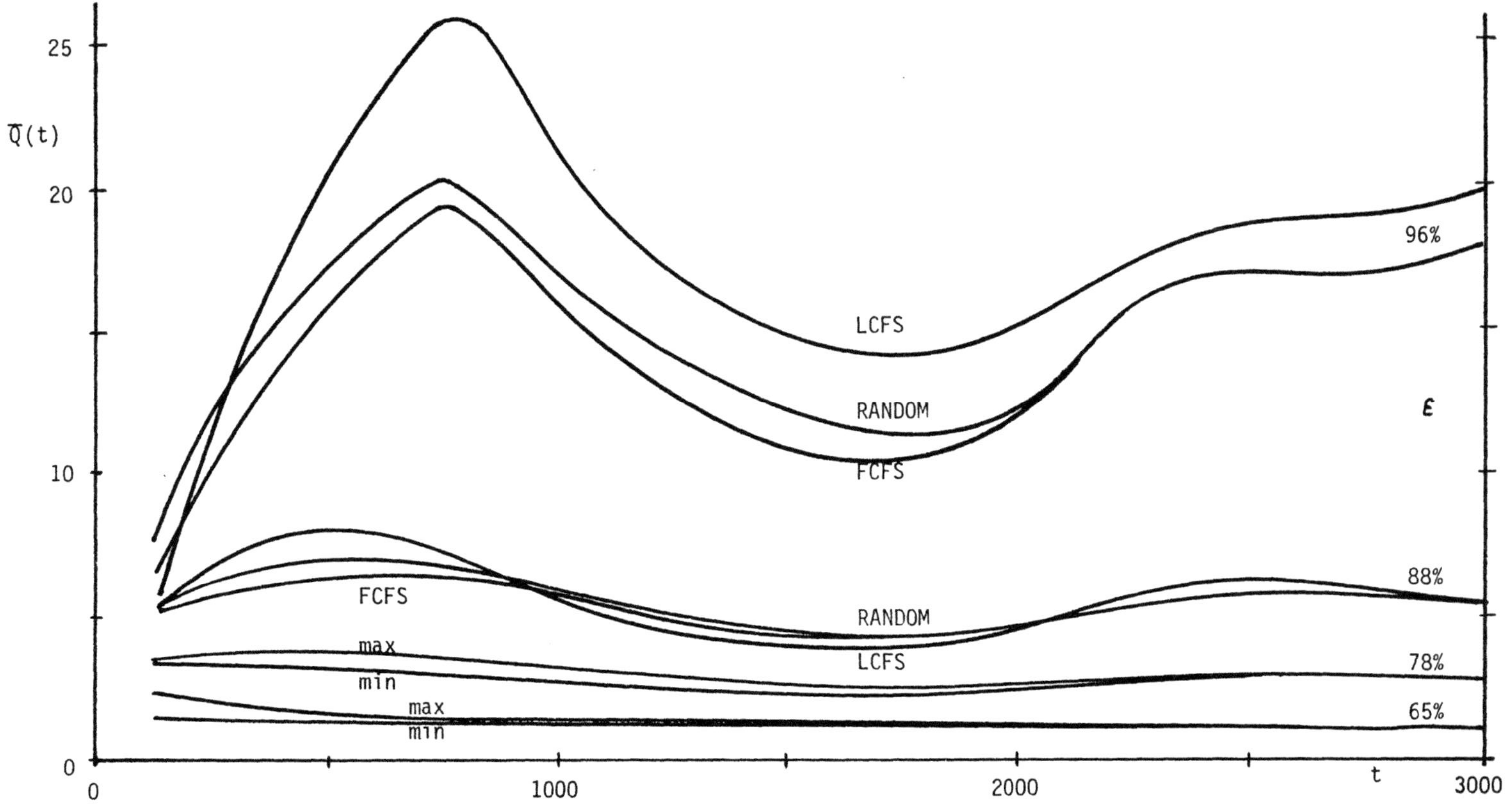

Diagramm 8.4.1: Mittlere Wartezeit $\overline{Q}(t)$, abhängig von der Simulationszeit t, der Bedienstrategie (FCFS, LCFS, RANDOM) und der Auslastung ε.

9.0 Schlussbemerkungen.

An dieser Stelle soll das in dieser Arbeit verwendete Modellierungskonzept noch einmal vorgestellt und gegenüber anderen abgegrenzt werden. Wir werden auf die Möglichkeiten des Modells eingehen und kritisch untersuchen, welchen Nutzen es hat, und was es an Neuem bringt.

Ausserdem soll auf weitere noch offene Fragen hingewiesen werden.

9.1 Das Modell.

Zunächst fassen wir unsere Modellbildung noch einmal kurz zusammen.

Wir nehmen an, dass wir zu einem bestimmten Zeitpunkt, den wir 0 nennen, ein gedachtes System zu beobachten beginnen. Von diesem Zeitpunkt an seien uns alle Grössen des Systems, die für uns von Interesse sind, zugänglich. Zu einem späteren Zeitpunkt hört unsere Beobachtung einmal auf. Diesen Zeitpunkt nennen wir t. Das betrachtete Zeitintervall ist also $[0,t]$.

Aus diesen gemessenen Grössen, die wir auch als Grundgrössen bezeichnen, können wir dann andere Grössen definieren, und es ist zumeist mathematisch nicht schwierig, die so definierten Grössen über ihre Definition zueinander in Beziehung zu setzen. Soweit hier Schwierigkeiten auftreten, liegen sie in der sinnvollen Definition der Grössen und der Interpretation der gefundenen Beziehungen. Beispiele hierzu findet man vor allem im 5. Kapitel.

Insoweit unterscheidet sich unsere Modellbildung nicht von der der operationalen Analyse.

Bei uns kommt jetzt aber ein weiterer Gesichtspunkt hinzu. Definiert man alle Grössen exakt, so findet man oft, dass zwei Ausdrücke zwar nicht genau, aber doch angenähert übereinstimmen. Die Abweichung dieser Uebereinstimmung hängt dabei oft von der Länge des betrachteten Zeitintervalls ab und wird bei beliebig grossem t auch beliebig klein. Solche 'Fehler' sind nach allgemeiner Auffassung 'unbedeutend'. Man könnte sie also 'ignorieren' und mit den angenäherten Werten weiterarbeiten. Zum Teil wird auch bei /Buzen76/ so argumentiert.

Eine ähnliche Betrachtungsweise findet man auch in der reellen Analysis. Allerdings sind dort die 'Fehler' stets so beschränkt, dass sie unter den dort gemachten Voraussetzungen wirklich verschwinden. Die wichtigste dieser Voraussetzungen ist, dass man nur unendlich lange Zeiträume betrachtet. Diese Vorstellung ist zwar wenig realistisch, erleichtert aber die Argumentation, weil das lästige Rechnen mit den Fehlern fortfällt.

In dieser Arbeit nun sind wir den schwierigeren Weg gegangen, nämlich eine endliche obere Schranke für die Beobachtungszeit anzunehmen, und mit den dann nicht mehr 'unendlich kleinen' Fehlern zu rechnen. Daher mussten wir als erstes eine Abweichungsrechnung einführen, die wir Angleichungsrechnung genannt haben. Formal ähnelt sie dem Rechnen mit Grenzwerten in der reellen Analysis. Tatsächlich lassen sich praktisch alle unsere Ergebnisse über Angleichungen sofort auf entsprechende Gesetze in der reellen Analysis übertragen, wenn nur die Anfangsgenauigkeiten gleich 0 gesetzt werden.

Wir haben dennoch bewusst die 'kompliziertere' Modellbildung gewählt, weil sich damit einige Vorteile ergeben:

1. Der Verzicht auf die Abstraktion des Unendlichen erleichert dem Anfänger, dem Praktiker, aber auch dem Theoretiker, bei dem ja auch immer wieder Unsicherheiten auftreten, die Anwendung und Entwicklung einer solchen Methode.

2. Unsere Modellbildung kommt mit einfachen mathematischen Strukturen aus.

3. Der Begriff des stochastischen Prozesses wird ersetzt durch die Menge aller Funktionen, die gewissen Anfangsbedingungen genügen (z.B. Flussgleichgewicht). Daher gelten unsere Aussagen auch oft für 'stochastische Prozesse', für die sie in der stochastischen Analyse nicht gelten. So ist etwa der periodische Prozess aus einem vielfachen von 3 Aufträgen in Beispiel 4.4.3, der das typische Verhalten eines Poisson-Prozesses zeigt, in der stochastischen Analyse mit Sicherheit kein Poisson-Prozess.

4. Die Voraussetzungen, unter denen die hergeleiteten Beziehungen gelten, sind leichter (und wirklich) nachprüfbar, im Gegensatz zu vielen Voraussetzungen in der Theorie der stochastischen Prozesse.

5. Wir können exakte Angaben über die maximalen Abweichungen der Ergebnisse machen, die Fehler in den Voraussetzungen bewirken. Dadurch lassen sich einige bemerkenswerte Schlüsse über die Gültigkeit bekannter Formeln ziehen.

Natürlich hat unser Modellierungsmethode auch Nachteile. Denn hat man sich die Begriffsbildung und Formeln der Stochastik erarbeitet (bzw. wenn man sie als 'Kochrezepte' hinnimmt und 'glaubt'), dann lassen sie sich oft sehr viel einfacher anwenden als unsere Angleichungsarithmetik. Zwar wird dieser Nachteil zum Teil durch ein mehr an Information ausgeglichen (siehe etwa die von der Auslastung abhängige Genauigkeit der P-K-Formel), aber wenn diese zusätzliche Information nicht interessiert, mag der Mehraufwand der Angleichungsarithmetik sehr erschwerend sein.

Ein zweiter Nachteil unserer Methode ist, dass die Stochastik zum Teil systematischer Vorgehen kann. So liefern etwa die Laplace-Transformationen (bzw. die momenterzeugenden Funktionen) hilfreiche und systematische Methoden, sich über die Momente einer Verteilung Klarheit zu verschaffen, z.B. über die höheren Momente der Wartezeiten bei der P-K-Formel. Es bleibt natürlich die Hoffnung, dass auch für unsere Modellbildung solche Verfahren entwickelt werden können.

Weiter sind noch nicht alle Erkenntnisse, die die Theorie der stochastischen Prozesse liefert, auch mit unserer Methode herleitbar. Natürlich bleibt auch hier noch zukünftigen Forschungen viel Raum.

Dennoch scheint für einige Anwendungen die hier entwickelte Methode die Theorie stochastischer Prozesse zum Teil ersetzen zu können.

9.2 Die Ergebnisse dieser Arbeit.

Während ein reales System durch sein stochastisches Modell nur nach Beobachtung unbeschränkt langer Zeiten bzw. unbeschränkt vieler Ereignisse exakt beschrieben wird, wurde die operationale Analyse eingeführt, um Beziehungen zwischen Grössen aufzustellen, die in endlichen Zeiten an realen Systemen gemessen wurden /Buzen 76/. Dieser letzte Ansatz wurde hier aufgegriffen, und es konnte gezeigt werden, dass auch in solchen endlichen Modellen Beziehungen zwischen Grössen herleitbar sind, die denen der stochastischen Analyse entsprechen. Zusätzlich können auftretende Modellierungsfehler genau abgeschätzt werden.

Detaillierter wurde in dieser Arbeit folgendes gezeigt:

1. Einführung des Begriffs der Angleichung als Mass für die Abweichung zweier Funktionen auf einem endlichen Intervall (Abschnitt 3.1).

2. Anwendung der Angleichung auf die Fehlerfortpflanzungsrechnung (Abschnitte 3.7,3.8).

3. Untersuchung der mathematische Objekte, die für Modelle zur Verkehrsanalyse in endlichen Zeiträumen verwendet werden (Abschnitt 2.1).

4. Definition allgemeiner Masszahlen solcher mathematischen Objekte (Abschnitt 2.3), sowie Einführung der Begriffe Repräsentativität, Homogenität und Unabhängigkeit (Abschnitt 3.4).

5. Exakte Definition des Begriffs Gleichgewicht (Last-, Auftrags- und Flussgleichgewicht) (Abschnitte 4.1,4.2).

6. Herleitung bekannter Beziehungen der operationalen Analyse (Kapitel 5) mit zusätzlichen Modellierungsfehlerabschätzungen (Abschnitt 5.6).

7. Herleitung einiger Beziehungen, die analog bislang nur aus der Stochastik bekannt waren, sowohl zwischen Mittelwerten als auch zwischen höheren Momenten (Abschnitt 4.3 und Kapitel 6).

8. Herleitung einer neuen Formel für die mittlere Last (Satz 6.2.10).

9. Erklärung dafür, dass die Genauigkeit der P-K-Formel lastabhängig ist (Abschnitt 6.3).

10. Herleitung einer Reihe von Erhaltungssätzen, wie analog in der Stochastik bekannt, jedoch mit zusätzlichen Modellierungsfehlerabschätzungen (Kapitel 7).

11. Nachweis, dass viele Ergebnisse auch gelten, wenn sich das System nicht im Gleichgewicht im stochastischen Sinne befindet. Es wird dadurch besser verstanden, welche Voraussetzungen für eine Beziehung tatsächlich benötigt werden, und welchen Einfluss Fehler in diesen Voraussetzungen auf das Ergebnis haben.

9.3 Weitere Forschungsmöglichkeiten.

Wir werden hier einige wenige Punkte anschneiden, bei denen es sich nach unserer Meinung lohnt, noch weitere Untersuchungen anzustellen.

Der Begriff Flussgleichgewicht ist offenbar schwächer als der Begriff Ergodizität in der stochastischen Wartetheorie. Zu untersuchen wäre, welche Voraussetzungen in diesem endlichen Modell die Eigenschaft Ergodizität in der stochastischen Theorie ersetzt, bzw. ob (sinnvollerweise) überhaupt eine solche Begriffsbildung in ein endliches Wartemodell eingeführt werden kann. Einen Vergleich des Begriffs der Homogenität nach /Buzen80a/ mit einem analogen Begriff der stochastischen Analyse findet man in /Bryan80/.

Bei unserer Theorie haben wir nur nicht unterbrechende Bedienstrategien behandelt. Durch die Erhaltungssätze konnten wir von diesen nahezu alle in unsere Untersuchungen einbeziehen. Offen bleibt die Frage, ob wir nicht auch unterbrechende Strategien erfolgreich behandeln können.

Wir haben (bis auf das 5. Kapitel) auch noch keine Aussagen über Netze von Wartesystemen gemacht. Hier gibt es bereits Ergebnisse nach /Buzen76/, die weitgehend denen der analytischen Theorie entsprechen. Evtl. lässt sich aber auch hier noch einiges Neue finden.

Die hier durchgeführten Simulationsuntersuchungen haben natürlich keine Beweiskraft im statistischen Sinne. Es bleibt also noch zu untersuchen, inwieweit es allgemein richtig ist, dass Beziehungen zwischen Grössen in Wartesystemen schlechter gelten, wenn die Auslastung zunimmt. Dieses kann bisher auch noch nicht von der analytischen Theorie erklärt werden. Ob mit unserer Methode dazu etwas gesagt werden kann, ist sicherlich einer Untersuchung wert.

Schliesslich sei noch, abgehoben von den Anwendungen auf Wartesysteme, darauf hingewiesen, dass die 'Theorie der Angleichungen' in der hier entwickelten Form zwar praktisch einsetzbar, aber sicherlich noch mancher weiterer Entwicklung fähig und wert ist. Evtl. lässt sich auch mit den Genauigkeiten einfacher manipulieren, als dieses bisher der Fall war.

9.4 Danksagung.

Ich möchte mich an dieser Stelle bei Herrn Prof. Dr. Jessen bedanken, der es mir ermöglichte, diese Arbeit anzufertigen, und der durch kritische Durchsicht und Besprechung sehr zum Entstehen dieser Arbeit beigetragen hat. Bei Manfred Jobmann möchte ich mich für seine freundliche Unterstützung und Beratung in Simulationsangelegenheiten bedanken, sowie für seine kritischen Stellungnahmen zu dem gesamten Konzept. Herrn Rainer Feix verdanke ich wertvolle Hinweise zu dem mathematischen Apparat dieser Arbeit, sowie verschiedene Korrekturen von Fehlern und Ungenauigkeiten.

Ich verdanke Herrn Prof. Dr. P.P. Spies, Bonn, den Hinweis, die stochastische und die operationale Analyse als formal prinzipiell nicht vergleichbare Modellierungstechniken aufzufassen. Herrn v. d. Wal /Waal 80/ verdanke ich den Hinweis, dass die Ergebnisse des Abschnitts 6.1 auch auf unterbrechende Strategien erweitert werden können.

10.0 Notation.

10.1 Mathematische Zeichen.

$\in$: ...ist Element aus...

R : Menge der rellen Zahlen.

π = 3,14159...: 'pi'.

ρ : 'rho'.

ε : 'epsilon'.

ν : 'nue'.

(d:), ->: siehe Def. 3.1.2.

(d:t): siehe Def. 3.3.1.

<->: siehe Def. 3.1.3.

10.2 Bezeichner fuer Grössen.

a_o: Anfangsfüllung

a(s): Zugangszahl

b(s): Abgangszahl

c(s): Verweilzahl

n(s): := c(s) - b(s): Füllung

A(s) := a(s)/s: Zugangsrate

B(s) := b(s)/s: Abgangsrate (Durchsatz)

C(s) := c(s)/s: Verweilrate

t: Zeitpunkt am Ende des untersuchten Zeitraums

$N(s) := \frac{1}{s} \cdot \int_0^s n(r) \cdot dr$: Mittlere Füllung

x(s): Bedienzeitanforderung

y(s): erbrachte Bedienzeit

z(s): erhaltene Bedienzeit

u(s): Last

$U(s) := \frac{1}{s} \cdot \int_0^s u(r) \cdot dr$: mittlere Last

$\rho(s) := x(s)/s$: angeforderte Leistung

$\varepsilon(s) := y(s)/s$: erbrachte Leistung

$\gamma(s) := z(s)/s$: erhaltene Leistung

$X(s) := x(s)/c(s)$: angeforderte Bedienzeit pro Auftrag

$Y(s) := y(s)/c(s)$: erbrachte Bedienzeit pro Auftrag

$Z(s) := z(s)/b(s)$: erhaltene bedienzeit pro Auftrag

r(s): Leistungszahl

$\varepsilon_r(s) := y(s)/r \cdot s$: Auslastung

$w_i(s)$: Verweilzeit

$q_i(s)$: Wartezeit

$s_i(s)$: Zwischenankunftszeit

$W(s) := \frac{1}{c(s)} \cdot \sum_{i=1}^{c(s)} w_i(s)$: Mittlere Verweilzeit

$Q(s) := \frac{1}{c(s)} \cdot \sum_{i=1}^{c(s)} q_i(s)$: Mittlere Wartezeit

$S(s) := \frac{1}{c(s)} \cdot \sum_{i=1}^{c(s)} s_i(s)$: Mittlere Zwischenankunftszeit

h(s): Besuchszahl

v(s): Restbedienzeitsumme der wartenden Aufträge

$V(s) := \frac{1}{s} \cdot \int_{o}^{s} v(r) \cdot dr$: Mittlere Restbedienzeitsumme

$n_q(s)$: Füllung der Warteeinheit

$N_q(s) := \frac{1}{s} \cdot \int_{o}^{s} n(r) \cdot dr$: Mittlere Füllung der Warteeinheit

i(s): Leerzeit (idle time)

m(s): Leerhäufigkeit

I(s) := i(s)/m(s): Mittlere Leerzeit

K(s) := c(s)/m(s): Mittlere Kundenzahl pro Bedienphase

$V(x) := \{\overline{x^2} - X^2(t)\}$: Varianz

$\frac{1}{2} \cdot [x \cdot y] := \frac{1}{2} \cdot \{V(x+y) - V(x) - V(y)\}$: Kovarianz

11.0 Wichtige Formeln.

$c(s) = a_0 + a(s) = b(s) + n(s)$

$n(s) = c(s) - b(s) = a_o + a(s) - b(s)$

$\rho(s) = C(s) \cdot X(s)$

$\varepsilon(s) = C(s) \cdot Y(s)$

$\gamma(s) = B(s) \cdot Z(s)$

$N(s) = C(s) \cdot W(s)$: Gesetz von Little

$h_j(s) = C_j(s) / C(s)$: rel. Verweilhäufigkeit

$$W(t) = \sum_{j=1}^{c(t)} h_j(t) \cdot W_j(t)$$

$$X(t) = \sum_{j=1}^{c(t)} h_j(t) \cdot X_j(t)$$

$$Y(t) = \sum_{j=1}^{c(t)} h_j(t) \cdot Y_j(t)$$

$C(s) = h(s) \cdot C'(s)$

$X'(s) = h(s) \cdot X(s)$

$W'(s) = h(s) \cdot W(s)$

$S(t) = 1/C(t)$ (4.3.1)

$K(t) = I(t) \cdot C(t)/\{1-\varepsilon(t)\}$ (4.3.4)

(d:t) $K(t) \rightarrow 1/\{1-\varepsilon(t)\}$ (4.3.7)

$$(d:t) \quad 1/2 \cdot C(t) \cdot \overline{x^2}(t) \; \text{->} \; P(t). \tag{6.1.4}$$

$$\int_o^t v(s)\cdot ds = \sum_{i=1}^{c(t)} x_i \cdot q_i \tag{6.2.1}$$

$$(d:t) \quad 1/2 \cdot C(t) \cdot \{\overline{w^2}(t) - \overline{q^2}(t)\} \; \text{->} \; U(t) \tag{6.2.9}$$

$$\left(\frac{D}{1-\varepsilon\,(t)}:t\right) \quad Q(t) \; \text{->} \; \frac{P(t)}{1-\varepsilon\,(t)}. \tag{6.3.7}$$

$$Q(t) = \frac{V(x) + V(s) - V(q-) - [x\cdot s] + [q\cdot u] - R}{2 \cdot S(t) \cdot [1-\rho\,(t)]} \tag{6.4.17}$$

$$(d:t) \quad \frac{V(x) + V(s)}{2 \cdot S(t) \cdot [1-\rho\,(t)]} \; \text{->} \; Q(t). \tag{6.4.19}$$

$$(d:t) \quad \frac{V(x) + V(s) - V(q-)}{2 \cdot S(t) \cdot [1-\rho\,(t)]} \; \text{->} \; Q(t). \tag{6.4.20}$$

$$(d:t)\; Q(t) \; \text{->} \; \frac{V(x) + V(s)}{2 \cdot S \cdot [1-\varepsilon\,]} + \frac{1}{2}\cdot S\cdot[1-\varepsilon\,] - \frac{1}{2}\cdot\frac{\overline{i^2}}{I}. \tag{6.4.17}$$

$$(d:t) \quad Q'(t) \; \text{->} \; Q(t). \tag{7.1.4}$$

$$(d:t) \quad U(t) - \frac{1}{2}\cdot C(t)\cdot \overline{x^2}(t) \; \text{->} \; C(t) \cdot \sum_x x\cdot h(x)\cdot Q(x). \tag{7.2.1}$$

$$(D:t) \quad U(t) - \sum_j P_j(t) \; \text{->} \; \sum_{j=1}^{c(t)} \rho_j(t)\cdot Q_j(t) \tag{7.3.1}$$

$$V(x) = \overline{x^2}(t) - X^2(t) \tag{2.3.5.1}$$

$$V(x+y) = V(x) + V(y) + [x\cdot y] \tag{2.3.5.3}$$

$$V(x-y) = V(x) + V(y) - [x\cdot y] \tag{2.3.5.4}$$

$$[x\cdot y] = 2\cdot\{\overline{x\cdot y} - X(t)\cdot Y(t)\} \tag{2.3.4}$$

12.0 Literatur.

/Barts72/: Bartsch,H.J.:Mathematische Formeln. Buch- und Zeit-Verlagsgesellschaft, Köln 1972.

/Behnk66/:Behnke,H., et.al.: Fischer Bücherei: Mathematik II, Fischer, Frankfurt/Main 1966.

/Birtw73/: Birtwistle,M./Dahl,O. et.al.:SIMULA BEGIN. Studentliteratur, Sweden.Auerbach Publishers Inc. Philadelphia, Pa. 1973.

/Brauc64/:Brauch,W.: Mathematik für Ingenieure. Teubner Verlagsgesellschaft, Stuttgart 1964.

/Bryan80/: Bryant,R.M.: On Homogeneity in M/G/1 Queueing Systems. ACM Febr. 1980.

/Buzen76/: Buzen,J.P.: Fundamental Operational Laws of Computer System Performance. Acta Informatica 7,167-182(1976).

/Buzen80a/: Buzen,J.P,Denning,P.J.: Measuring and Calculating Queue length Distributions, IEEE-COMPUTER April 1980.

/Buzen80b/: Buzen,J.P.,Denning,P.J.: Operational Treatment of Queue Distributions and Mean-Value Analysis. Computer Performance June 1980.

/Denni77a/: Denning,P.J,Buzen,J.P.: An operational Overview of Queueing Networks. Computer Performance Measurement, Infotech State of the Art report on Performance Modeling and prediction, Infotech Int.Ltd, Maidenhead, UK 1977, pp75-108.

/Denni77b/: Denning,P.J.,Buzen,J.P.: Operational Analysis of Queueing Networks. Proc. 3rd Int. Symp. on Computer Performance Modeling, North-Holland Publ.Co.(Oct.1977).

/Denni78/: Denning,J.P./Buzen,J.P.: The Operational Analysis of Queueing Network Models. Computing Surveys, Vol.10, No.3, September 1987.

/Easto78/: Easton,M.C.: A Generalization of Little's Formula with an Application. IBM Research Report RC 6926, Yorktown Heights 1/03/78.

/Erwe 62/: Erwe,F.: Differential- und Integralrechnung. Bibliographisches Institut Mannheim, Zürich, Wien 1962. BI-Hochschultaschenbücher Band 30.

/Gross74/: Gross,D./Harris,C.M.: Fundamentals of Queueing Theory. John Wiley & Sons,Inc. New York 1974.

/Jobmann/: Jobmann,M.: (persönliche Mitteilung) FBR Informatik der Universität Hamburg.

/Jesse75/: Jessen,E.: Architektur digitaler Rechenanlagen, Springer Verlag, Berlin, Heidelberg, New York 1975.

/Klein75/: Kleinrock,L.:Queueing Systems I: Theory. John Wiley & Sons,Inc. New York 1975.

/Klein76/: Kleinrock,L.:Queueing Systems II: Computer Applications. John Wiley & Sons,Inc. New York 1976.

/Kowal80/: Kowalk,W.: Verkehrsanalyse in endlichen Zeiträumen. Bericht Nr. 77, Uni Hamburg, FB-Informatik.

/Kowal81/: Kowalk,W.: Extensions of Operational Analysis. GI-NTG Fachtagung: Messung, Modellierung und Bewertung von Rechensystemen, Jülich, Febr. 1981.

/Kreys65/: Kreyszig,E.:Statistische Methoden und ihre Anwendungen. Vandenhöck & Rupprecht, Göttingen 1965.

/Loren70/: Lorenzen,P.: Formale Logik. Walter de Gruyter, Berlin 1970. Sammlung Göschen, Band 1176/1176a.

/Mesch66/: Meschkowski,H.: Grundlagen der Euklidischen Geometrie, BI-Hochschultaschenbücher 105/105a, Mannheim 1966.

/Schra70/: Schrage,L.: An Alternative Proof of a Conservation Law for the Queue G/G/1. Operations Research, 18, 185-187 (1970).

/Sevci79/: Sevcik,K.C./Klawe,M.M.: Operational Analysis Versus Stochastic Modelling of Computer Systems. Computer Systems Research Group, University of Toronto, July 1979.

/SIMUL74/ :DECsystem-10 SIMULA Language Handbook Part I. Birtwistle,G./Palme,J., Stockholm 1974. Swedish National Defense Research Institute. Stockholm,Sweden.

/Stett76/: Stetter,H.J.: Numerik für Informatiker. R. Oldenbourg Verlag, München,Wien 1976.

/Stoer76/: Stoer,J.: Einführung in die numerische Mathematik I. Springer Verlag Berlin, Heidelberg, New York 1976. Heidelberger Taschenbücher, Band 105.

/Wal 80/: v. d. Wal,S.: Werk en Wachtduur, HIO-Enschede, IHBO de Maere, postbus 1075, Enschede, Okt. 1980.

13.0 Register

Band 44: Organisation informationstechnik-gestützter öffentlicher Verwaltungen. Fachtagung, Speyer, Oktober 1980. Herausgegeben von H. Reinermann, H. Fiedler, K. Grimmer und K. Lenk. 1981.

Band 45: R. Marty, PISA – A Programming System for Interactive Production of Application Software. VII, 297 Seiten. 1981.

Band 46: F. Wolf, Organisation und Betrieb von Rechenzentren. Fachgespräch der GI, Erlangen, März 1981. VII, 244 Seiten. 1981.

Band 47: GWAI – 81 German Workshop on Artificial Intelligence. Bad Honnef, January 1981. Herausgegeben von J. H. Siekmann. XII, 317 Seiten. 1981.

Band 48: W. Wahlster, Natürlichsprachliche Argumentation in Dialogsystemen. KI-Verfahren zur Rekonstruktion und Erklärung approximativer Inferenzprozesse. XI, 194 Seiten. 1981.

Band 49: Modelle und Strukturen. DAG 11 Symposium, Hamburg, Oktober 1981. Herausgegeben von B. Radig. XII, 404 Seiten. 1981.

Band 50: GI – 11. Jahrestagung. Herausgegeben von W. Brauer. XIV, 617 Seiten. 1981.

Band 51: G. Pfeiffer, Erzeugung interaktiver Bildverarbeitungssysteme im Dialog. X, 154 Seiten. 1982.

Band 52: Application and Theory of Petri Nets. Proceedings, Strasbourg 1980, Bad Honnef 1981. Edited by C. Girault and W. Reisig. X, 337 pages. 1982.

Band 53: Programmiersprachen und Programmentwicklung. Fachtagung der GI, München, März 1982. Herausgegeben von H. Wössner. VIII, 237 Seiten. 1982.

Band 54: Fehlertolerierende Rechnersysteme. GI-Fachtagung, München, März 1982. Herausgegeben von E. Nett und H. Schwärtzel. VII, 322 Seiten. 1982.

Band 55: W. Kowalk, Verkehrsanalyse in endlichen Zeiträumen. VI, 181 Seiten. 1982.

GPSR Compliance

The European Union's (EU) General Product Safety Regulation (GPSR) is a set of rules that requires consumer products to be safe and our obligations to ensure this.

If you have any concerns about our products, you can contact us on ProductSafety@springernature.com

In case Publisher is established outside the EU, the EU authorized representative is:

Springer Nature Customer Service Center GmbH
Europaplatz 3
69115 Heidelberg, Germany

Batch number: 10844827

Printed by Printforce, the Netherlands